AF300178

LES

PHÉNOMÈNES DE L'AIR

SÉRIE IN-8° ILLUSTRÉE

PROPRIÉTÉ DES ÉDITEURS

Descente d'une montgolfière.

LES
PHÉNOMÈNES
DE L'AIR

PAR ARTHUR MANGIN

QUATRIÈME ÉDITION

TOURS

ALFRED MAME ET FILS, ÉDITEURS

M DCCC LXXXIII

LES
PHÉNOMÈNES DE L'AIR

CHAPITRE I

LES GAZ

Lorsque nous examinons ce qui se passe dans l'univers physique et que nous cherchons à nous en rendre compte, nous y voyons tout d'abord deux choses : de la matière et du mouvement. Puis la notion du mouvement fait naître aussitôt dans notre esprit celle des forces qui le produisent. Ces forces sont-elles extérieures ou inhérentes à la matière? C'est là une question purement spéculative dont la discussion serait ici hors de propos.

Ce qui est certain, c'est que l'esprit ne saurait admettre une force agissant en dehors de la matière, non plus que la matière se mouvant ou se modifiant sans l'intervention d'une force; je ne pense pas, soit dit en passant, qu'il y ait de meilleur argument à opposer aux métaphysiciens qui s'amusent à démontrer que la matière n'existe pas, ou du moins qu'il se pourrait bien qu'elle n'existât pas.

Les physiciens, qui goutent peu ces subtilités idéalistes, inclinent aujourd'hui fortement à croire, au contraire, que, tout bien compté, c'est plutôt le vide qui n'existe point : et cela par cette raison très plausible que ce qu'on a considéré longtemps comme le vide est le théâtre de certains phénomènes lumineux, calorifiques, magnétiques peut-être, lesquels n'auraient point lieu si les causes qui les déterminent ne trouvaient là aussi *un quelque chose* sur quoi exercer leur action. Car, s'il est vrai que tout effet implique une cause, que toute action implique un agent, il n'est pas moins évident qu'une cause ne saurait agir sur le néant; sans quoi son action serait comme non avenue, son effet serait nul; et un agent qui n'agit sur rien, une cause qui n'a pas d'effet ne se conçoivent pas plus aisément qu'un effet sans cause. Or, je le répète, tous les phénomènes particuliers dont la physique, la chimie, l'astronomie, la géologie, la physiologie poursuivent l'étude peuvent se ramener à un seul phénomène général : de la matière en mouvement.

Dans l'infiniment grand, c'est le mouvement des astres parcourant au sein de l'espace leurs orbites immenses. Dans l'infiniment petit, c'est le mouvement des atomes hétérogènes faisant et défaisant, en vertu de leurs attractions et de leurs répulsions mutuelles, d'innombrables composés; c'est le mouvement des molécules homogènes, subissant, sous l'influence des forces qui les gouvernent, les modifications par lesquelles se manifestent les propriétés générales des corps. Chez les êtres vivants, c'est le mouvement des organes remplissant les fonctions complexes dont l'ensemble constitue la vie. Mais aucun de ces mouvements, de ces phénomènes, ne s'accomplit au hasard; tous sont également soumis à des lois immuables, éternelles, dont la majestueuse simplicité devient plus évidente à mesure que la science pénètre plus profondément dans les arcanes de la nature, mais que le génie des philosophes anciens n'avait point méconnues. « Les nombres, disait Pythagore, gouvernent le monde. » Cette formule exprime une vérité qui est à la fois la base et le couronnement de la philosophie naturelle. Empédocle (d'Agrigente) affirmait le mouvement universel; Épicure et plusieurs autres philosophes avaient entrevu la constitution atomique et la divisibilité infinie de la matière, l'aptitude de la plupart des corps à passer de l'état d'agrégation et de coagulation à l'état de fluides plus ou moins mobiles ou subtils, et réciproquement. La volatilisation et la condensation alternatives d'un grand nombre de corps à la surface de la terre semblent assez clairement indiquées dans les vers suivants de Lucrèce, le disciple enthousiaste et l'éloquent interprète d'Épicure :

Semper enim quodcumque fluit de rebus, id omne
Acris in magnum fertur mare : qui nisi contra
Corpora retribuat rebus, recreetque fluentes,
Omnia jam resoluta forent, et in aera versa.
Haud igitur cessat gigni de rebus, et in res
Recidere assidue; quoniam fluere omnia constat[1].

(LUCRÈCE, *De rerum Natura*, lib. V, v. 276-281.)

[1] « Car toutes les émanations des corps vont sans cesse se perdre dans le vaste océan de l'air; et, s'il ne leur restituait à son tour ce qu'ils ont perdu, s'il ne régénérait les fluides qui s'en échappent, tout serait déjà dissous et transformé en air. L'air ne cesse donc point d'être engendré par les corps et d'y retourner, puisque tout dans la nature se fluidifie. »

Toutefois cette notion n'était et ne devait être que vague et incomplète. Le progrès des sciences expérimentales, tout à fait inconnues des anciens, a pu seul la rendre nette et précise. Et encore n'est-ce pas sans un certain effort d'attention et de réflexion qu'aujourd'hui même beaucoup de personnes intelligentes, éclairées, mais qui ne sont pas versées dans les sciences, parviennent à la concevoir clairement.

Chacun comprend aisément ce que c'est que des corps solides et des corps liquides : on les voit, on les touche, on en sent le poids et la résistance ; mais on ne se fait pas une idée aussi satisfaisante de ce que c'est qu'un gaz ou une vapeur, bien qu'on n'en révoque point en doute l'existence ; et ce qui semble encore plus étrange, c'est qu'un même corps puisse être tour à tour solide, liquide, gazeux, sans changer aucunement de nature, sans perdre ou acquérir la moindre parcelle de substance et sans que ses propriétés essentielles éprouvent d'altération.

Arrêtons-nous quelques instants sur ces principes élémentaires de physique : ils sont indispensables à l'intelligence de ce qui va suivre.

Les corps, on le sait, sont formés par l'assemblage de particules extrêmement ténues, de *molécules* que nos sens ne nous permettent pas de distinguer, que nous ne pouvons isoler par aucun des moyens mécaniques dont nous disposons, mais qui, sous l'empire de certaines forces, s'écartent ou se resserrent, se groupent de diverses manières. Ils donnent lieu ainsi aux phénomènes que l'on désigne sous le nom de *changements d'état*, et qu'on attribue à l'antagonisme perpétuel de deux agents physiques, dont l'un tend constamment à rapprocher les molécules des corps, l'autre, au contraire, à les séparer. La première de ces forces est la cohésion ; la seconde est la chaleur. On admet, en conséquence, que l'état solide est celui où la cohésion l'emporte sur la chaleur ; l'état liquide, celui où la cohésion et la chaleur se font sensiblement équilibre ; l'état gazeux, enfin, celui où, la cohésion étant vaincue ou détruite, la chaleur agit seule. Cela posé, tandis que les molécules d'un corps solide sont tellement unies entre elles, qu'un effort plus ou moins énergique est nécessaire pour les disjoindre, pour détacher une partie de la masse qu'elles forment, les molécules d'un corps liquide glissent librement les unes sur les autres, se déplacent et se séparent avec une grande facilité, n'opposant aux impulsions, aux pressions, aux attractions extérieures qu'une faible résistance.

Quant aux substances gazeuses, elles jouissent d'une mobilité, d'une fluidité bien supérieure encore à celle des liquides ; elles n'ont aucune consistance, échappent à la préhension, n'adhèrent point, comme les liquides, aux corps qui les touchent, et sont presque impalpables dans le sens rigoureux du mot. Elles ont, en outre, pour caractère essentiel une élasticité parfaite; et aussi leur a-t-on donné le nom de *fluides élastiques*. Grâce à cette élasticité, elles sont indéfiniment expansibles; leurs molécules, soustraites à toute action réciproque, et sollicitées uniquement par la force dissolvante qu'on attribue au calorique, tendent toujours à s'écarter, à se désunir, à se disséminer dans l'espace. A cette force expansive correspond, dans les fluides élastiques, une compressibilité qui n'est limitée que par l'insuffisance des moyens dont nous disposons, ou, pour quelques gaz, par le point où le rapprochement de leurs molécules détermine leur réduction à l'état liquide. Encore est-il des gaz qui n'ont jamais pu, ni par compression, ni par refroidissement, être amenés à ce point; on les nomme *gaz permanents*. Ils sont au nombre de cinq, savoir : l'oxygène, l'hydrogène, l'azote, le bioxyde d'azote et l'oxyde de carbone.

Les propriétés des gaz n'ont pu être étudiées que très récemment, grâce aux perfectionnements merveilleux des procédés d'observation et d'expérimentation. On ne doit donc pas s'étonner que jusque-là ces substances insaisissables, dont la plupart n'ont ni odeur, ni saveur, ni couleur, et n'affectent aucun de nos sens, aient été considérées comme dépourvues de pesanteur, comme distinctes des solides et des liquides, comme établissant en quelque sorte la transition entre les corps réputés grossiers, et la substance ignée ou éthérée qui, dans les idées des philosophes de l'antiquité, était l'élément pur et subtil par excellence, le principe de la chaleur, de la lumière et de la vie.

> *Ignea convexi vis et sine pondere cœli*
> *Emicuit, summaque locum sibi legit in arce :*
> *Proximus est aer illi levitate, locoque* [1],

dit Ovide. Et plus loin :

> *Hæc super imposuit liquidum et gravitate carentem*
> *Æthera, nec quicquam terrenæ fœcis habentem* [2].

Ces philosophes établissaient une différence notable entre l'air, l'éther, les gaz proprement dits, et les vapeurs, les exhalaisons qui s'échappent des matières terrestres, et qui, selon eux, participent à

---

[1] « L'élément igné, qui n'a point de poids, jaillit de la voûte du ciel et vint se placer au sommet. Au-dessous se trouve l'air, qui s'en rapproche le plus par sa légèreté. »

[2] « Au-dessus il (Jupiter) plaça l'éther, fluide dépourvu de gravité, et qui n'a rien des impuretés terrestres. »

la « grossièreté » de ces dernières. On retrouve la même pensée chez les alchimistes et les médecins du moyen âge, qui toutefois appliquaient aux gaz et aux vapeurs la dénomination commune d'*esprits*, dénomination aussi vague en elle-même que les épithètes de *grossier* et de *subtil*, qu'on rencontre à chaque instant dans leurs écrits, et dont ils eussent été fort embarrassés d'expliquer la signification.

Ajoutons du reste que, dans le langage de la science moderne, la distinction entre les gaz et les vapeurs ne repose pas non plus sur des caractères bien tranchés et n'est guère que conventionnelle. Les gaz et les vapeurs sont également des fluides élastiques aériformes : seulement, pour les premiers cet état de fluides élastiques est l'état normal, celui qu'ils affectent à la température et sous la pression ordinaire, et qu'ils conservent encore avec plus ou moins de persistance lorsque la pression augmente et que la température s'abaisse. Les secondes sont produites par des corps que la nature nous présente à l'état liquide ou même solide, et ne prennent naissance qu'à la faveur d'une certaine élévation de température, ou d'une certaine diminution de pression. Quant aux propriétés physiques, elles diffèrent peu. On a constaté cependant que, sous l'influence de la chaleur, la force élastique des vapeurs s'accroît plus que celle des gaz ; mais c'est encore là une différence purement relative, un effet de la même cause inconnue qui fait que telle substance a plus de tendance que telle autre à se dilater ou à se contracter, à se liquéfier, à se solidifier, ou à prendre la forme gazeuse, sans qu'il y ait lieu pour cela d'établir entre elles de distinction radicale.

Quoi qu'il en soit, nous nous occuperons seulement ici des propriétés qui appartiennent aux gaz proprement dits, et par conséquent à l'air atmosphérique, sujet de notre étude. C'est, nous l'avons dit plus haut, par l'expérience que les physiciens modernes sont parvenus à déterminer ces propriétés, à rendre évidente la matérialité des gaz, à démontrer qu'ils sont soumis aux mêmes lois que les corps solides et liquides ; que comme eux ils participent, bien qu'à des degrés divers, des attributs essentiels de la matière.

Au premier rang de ces attributs se placent l'étendue et l'impénétrabilité, qui font qu'un corps, quel qu'il soit, occupe toujours une certaine portion de l'espace qu'aucun autre ne peut occuper en même temps. Pour montrer que les gaz sont étendus et impénétrables, posons sur une cuvette remplie d'eau un corps flottant, tel, par exemple, qu'un bouchon de liège, et sur ce bouchon renversons un verre vide. Je dis vide, pour me servir de l'expression commune ; car, en enfonçant verticalement dans l'eau un verre renversé, nous éprouvons une certaine résistance, ce qui n'aurait pas lieu si nous y enfoncions un

tube ou un vase dont le fond serait percé. En outre, à mesure que le
verre s'enfonce dans le liquide, nous voyons le flotteur s'enfoncer
aussi. L'eau ne peut donc pénétrer dans le vase que jusqu'à une certaine hauteur. Que le verre même plonge tout entier, pourvu qu'il
soit maintenu dans la position verticale, on verra toujours au dedans
un espace que l'eau n'envahira point. Donc cet espace est occupé déjà

Compression des gaz.

par quelque chose de résistant, de matériel, qui s'oppose invincible-
ment à ce que l'eau puisse remplir toute la cavité du verre, jusqu'à
ce que nous inclinions suffisamment celui-ci; alors des bulles vien-
dront crever à la surface du liquide; l'eau se précipitera dans la
capacité devenue libre, et le flotteur ira se coller contre le fond du
verre.

Le fluide invisible que contenait le verre n'était autre que l'air atmosphérique. Les choses se fussent passées d'une manière identiquement
semblable avec tout autre gaz. La même expérience peut servir aussi
à prouver la compressibilité et l'expansibilité des gaz. En effet, le
volume de l'air emprisonné sous le verre augmente ou diminue suivant
qu'on le soulève ou qu'on l'enfonce, c'est-à-dire qu'on le soumet à
une pression moindre ou plus forte. Mais ces propriétés des fluides
élastiques se manifestent d'une façon bien plus évidente par une autre
expérience qui se répète souvent dans les cours de physique.

On prend une vessie munie d'un robinet, on la mouille pour la
rendre flexible. On y introduit une petite quantité d'un gaz quelconque; on ferme le robinet, et on place la vessie sous le récipient
d'une machine pneumatique. Tant que ce récipient contient de l'air,
la vessie demeure flasque et affaissée; mais à mesure que l'air est
raréfié par le jeu de la pompe, elle se gonfle, se ballonne, et il arrive

Dilatation des gaz dans le vide.

un moment où elle est aussi tendue que si l'on y avait insufflé avec
force une grande quantité de gaz. C'est que d'abord l'air qui se trouve
dans le récipient, en vertu de sa propre force expansive, comprime la
vessie et le gaz qu'elle renferme; mais, l'air se raréfiant de plus en
plus, le gaz se dilate, distend les parois de sa prison, et finit par en
occuper toute la capacité.

Deux physiciens du siècle dernier, l'un Français, l'abbé Mariotte,
l'autre Anglais, Robert Boyle, ont formulé la loi de dilatation et de
contraction des gaz. Cette loi, qui porte dans chacun des deux pays
un nom différent, — en France celui de loi de Mariotte, en Angleterre
celui de loi de Boyle, — est la suivante : les volumes occupés par une
même masse gazeuse, dont la température demeure constante, sont en
raison inverse des pressions qu'elle supporte. Plus récemment, Des-

pretz a établi que tous les gaz ne sont pas également compressibles. Enfin il résulte des expériences de Regnault que les gaz permanents suivent seuls rigoureusement la loi de Mariotte, et que les gaz liquéfiables s'en écartent d'autant plus qu'ils sont pris à une température plus voisine de leur point de liquéfaction.

Personne n'ignore aujourd'hui que tous les corps qui se trouvent à

Démonstration du poids des gaz.

la surface de notre planète sont soumis à une force qui les attire vers son centre, les fixe au sol, et, s'ils viennent à en être éloignés par une cause quelconque, les y ramène fatalement. Cette force, c'est la pesanteur. Mais les gaz semblent faire exception, et l'on est fort tenté de croire, comme les philosophes anciens, que leur ténuité, leur subtilité, leur fluidité les font échapper à son empire. Il n'en est rien pourtant : les gaz sont formés de particules matérielles, et l'attraction terrestre agit sur ces particules comme sur celles qui constituent les corps solides ou liquides. Seulement le poids d'un corps étant la somme des attractions que la pesanteur exerce sur chacune de ses molécules, et les molécules des gaz, sous un volume donné, étant relativement peu nombreuses, leur poids total est ainsi relativement faible. On le constate et on le mesure néanmoins très aisément au

moyen de la balance. Il suffit pour cela de prendre un ballon en verre
muni d'un robinet, d'y faire le vide et de le peser, puis d'y introduire
un gaz et de le peser de nouveau : on verra que le poids du ballon
plein de gaz est plus grand que celui du ballon vide; et si l'on répète
l'expérience avec le même ballon, successivement rempli de divers

Baroscope.

gaz, on trouvera à chaque fois un résultat différent; d'où il faut conclure que chaque gaz a un poids spécifique, une densité qui lui est
propre.

D'autres expériences non moins simples ont démontré avec la même
évidence que les lois d'équilibre et de pression des liquides s'appliquent également aux gaz. Parmi ces lois, nous nous contenterons
de rappeler celle dont la découverte est due au célèbre physicien de
Syracuse, Archimède. Elle peut s'énoncer ainsi : Tout corps plongé
dans un fluide perd de son poids une quantité égale au poids du
volume de fluide qu'il déplace, et se trouve, en conséquence, sollicité
par deux actions contraires : l'une est celle de la pesanteur, qui l'at-

tire verticalement de haut en bas; l'autre est la *poussée* du fluide qui agit en sens contraire, c'est-à-dire verticalement de bas en haut. Selon que la première de ces deux actions l'emporte sur la seconde, ou la seconde sur la première, ou que toutes deux se font équilibre, ce qui dépend du rapport de densité entre le corps immergé et le fluide ambiant, le corps descend ou monte, ou demeure immobile. C'est sur ce principe que reposent l'ascension et la suspension des corps légers, et en particulier des ballons ou aérostats dans l'atmosphère. Une ingénieuse expérience instituée par Otto de Guericke, l'immortel inventeur de la machine pneumatique et de la machine électrique, rend sensible la pression exercée par l'air sur les corps qui y sont immergés.

A l'une des extrémités du fléau d'une balance le bourgmestre de Magdebourg suspendit une petite sphère massive en cuivre; l'autre extrémité portait une sphère beaucoup plus volumineuse, mais creuse, à parois très minces, et dont le poids faisait, au sein de l'air, exactement équilibre à celui de la sphère pleine. Il plaça cet appareil, appelé *baroscope*, sous le récipient d'une machine pneumatique, où il faisait le vide. Dès lors l'équilibre fut rompu : la balance pencha du côté de la sphère creuse. L'explication de cette apparente anomalie est simple : dans l'air, chacune des deux sphères perdait de son poids « une quantité égale au poids du volume d'air déplacé », ou, ce qui est la même chose, recevait une poussée proportionnelle à ce même volume. La sphère creuse, plus grosse que la sphère massive et déplaçant un plus grand volume d'air, recevait donc une poussée plus forte. L'équilibre établi entre elles était factice, il ne correspondait pas à une égalité de poids réelle. D'où l'on voit que, comme les corps qu'on pèse dans les balances n'ont jamais le même volume que les poids dont on se sert comme terme de comparaison, une pesée, pour être rigoureusement exacte, devrait toujours être faite dans le vide.

CHAPITRE II

L'ORIGINE DE L'ATMOSPHÈRE

L'étude de l'atmosphère terrestre et des phénomènes dont elle est le théâtre ne nous présentera plus de difficultés, maintenant que la nature et les propriétés générales des gaz nous sont connues. J'ose même espérer que le lecteur y trouvera un dédommagement de la fatigue qu'il a pu éprouver à suivre les considérations et les démonstrations un peu arides par lesquelles il nous a fallu débuter. Car les phénomènes atmosphériques ne sont ni moins variés, ni moins curieux, ni moins grandioses que les phénomènes océaniques et que les phénomènes terrestres, et la connexion intime qui les rattache aux fonctions de la vie animale et végétale, leur influence directe sur les conditions les plus essentielles de notre existence, les dangers et les bienfaits dont ils sont la source, les applications nombreuses qu'ils reçoivent dans les sciences, dans l'industrie et jusque dans l'économie domestique, les rendent tout particulièrement dignes de notre attention.

Mais d'abord, qu'est-ce qu'une atmosphère? L'étymologie de ce mot va nous en donner la signification. Atmosphère (du grec ἀτμός, vapeur, et σφαῖρα, sphère) signifie sphère de vapeur, ou de gaz, et désigne la couche plus ou moins épaisse de fluides élastiques qui enveloppe, non seulement le globe terrestre, mais, selon toute probabilité, la plupart des corps célestes, étoiles, planètes et satellites. On sait aujourd'hui avec certitude que toutes les sphères composant notre système, et auxquelles l'astronomie a pu appliquer ses admirables moyens d'observation, possèdent des atmosphères. Une seule paraît faire exception : c'est la lune, notre unique satellite. Le soleil, centre et foyer du système, n'aurait pas pour son compte, au dire d'astronomes très autorisés, moins de trois atmosphères superposées en couches concentriques autour de son noyau obscur et, qui sait? peut-être habitable et habité! Ce noyau, entrevu à travers les taches du soleil, qui ne seraient autre chose que des déchirures, des trous dans le vêtement éblouissant de l'astre-roi, serait revêtu d'une première atmosphère nuageuse analogue à la nôtre. Puis viendrait une seconde enveloppe formée de substances gazeuses en ignition permanente, projetant au loin des flots inépuisables de chaleur et de lumière : c'est celle qu'on a désignée sous le nom de *photosphère*. Enfin l'atmosphère extérieure, prodigieusement dilatée, emprunterait à la précédente son éclat, qui va décroissant à mesure que la distance de la photosphère augmente. « C'est dans cette dernière couche, dit M. Guillemin[1], que semblent flotter les nuages roses dont la présence a été révélée et définitivement établie par la récente éclipse totale du soleil. »

Cette théorie, il est vrai, imaginée au siècle dernier par l'astronome anglais Wilson, modifiée par Bobe et W. Herschell, et adoptée par Arago, qui l'a exposée dans son *Astronomie populaire*, a soulevé de nombreuses et assez graves objections, et ne compte plus guère de

---

[1] *Les Mondes, causeries astronomiques.*

partisans depuis que l'analyse spectrale [1] et les admirables procédés
d'observation de MM. Janssen, Lockyer et autres, ont été appliqués
à l'étude des phénomènes solaires, particulièrement au moment des
éclipses. De nouvelles hypothèses se sont produites, parmi lesquelles
il faut citer celles de MM. Kirckhoff, Norman Lockyer, Huggins, le
P. Secchi, Faye, Vicaire, etc. On est aujourd'hui généralement disposé à considérer le soleil comme une masse entièrement fluide, en
partie liquide, en partie gazeuse. Quelques-uns même, non contents
d'attribuer à la partie gazeuse de l'atmosphère solaire un volume in-
comparablement plus grand qu'au noyau liquide, font du soleil tout
entier une atmosphère, et n'y veulent aucune partie liquide ni solide.
M. Faye, par exemple, a pris en quelque sorte le contre-pied de
l'ancienne hypothèse de Wilson et de Herschell ; car, selon lui, la
partie centrale, loin d'être plus froide que les couches externes et de
pouvoir conserver l'état solide ou même liquide, serait, au contraire,
de beaucoup la plus chaude et la plus dilatée. En termes plus expli-
cites, le soleil traverserait actuellement la deuxième des trois grandes
phases de constitution cosmique par lesquelles notre terre, que Des-
cartes appelait « un soleil encroûté », a passé, elle aussi, avant d'entrer dans la phase de solidification extérieure, ou phase géologique.
Dans cette deuxième phase, qui succède à celle de fluidité gazeuse
complète, c'est extérieurement, et non pas intérieurement, que la
sphère de vapeurs commence à se refroidir. L'attraction, qui en a
peu à peu groupé les éléments, autrefois disséminés dans l'espace, a
transformé en chaleur la force vive dont ils étaient animés. De là une
incalculable élévation de température, qui, dans la masse centrale,
s'oppose à toute action chimique. Les corps qui composent cette masse
centrale s'y trouvent donc à l'état de gaz simples ; leur pouvoir émissif
et leur pouvoir absorbant se font à peu près équilibre, et ils conservent
presque toute leur chaleur.

C'est seulement dans les couches superficielles, où la température,
dit M. Faye, n'est plus guère que de vingt-cinq à quarante-cinq fois
supérieure à celle d'un foyer de locomotive, que les actions chimiques
reprennent leur empire. Des combinaisons, des décompositions, des
condensations, des liquéfactions s'opèrent incessamment dans cette
prodigieuse fournaise, dans cet immense Phlégéton. Des courants

---

[1] Deux physiciens allemands, MM. Bunsen et Kirckhoff, ont pu, par une
méthode d'analyse fondée sur l'examen des raies obscures ou colorées dont se
composent les *spectres* produits par la diffraction de la lumière, déterminer la
composition chimique de la photosphère solaire. Ils y ont reconnu la présence
de plusieurs métaux à l'état gazeux et incandescent, notamment du sodium, du
potassium, du magnésium, du nickel, du fer, de l'étain, etc.

ascendants et descendants s'établissent de la masse centrale à la photosphère, et réciproquement; des tourbillons, des explosions, des précipitations agitent cet océan de feu, essentiellement formé, comme le voulait Arago, de gaz enflammés qui répandent des torrents de chaleur, et le remplissent, en outre, de particules solides qui le rendent lumineux, comme les particules solides du charbon rendent lumineuses les flammes du gaz d'éclairage, de nos lampes et de nos bougies; tandis que le noyau purement gazeux est relativement, sinon même complètement obscur. Cette hypothèse, je l'avoue, me séduit beaucoup; elle rend bien compte des phénomènes visibles à la surface du soleil, c'est-à-dire des taches, des facules, etc.; elle est d'accord avec ce que les théories de Laplace et d'Ampère nous ont appris touchant l'origine physique des mondes; enfin elle s'applique non seulement à notre soleil, mais à toutes les étoiles, qui sont, comme chacun sait, autant de soleils.

Parmi les planètes dont la constitution physique est assez connue pour qu'on puisse affirmer l'existence, à leur surface, d'atmosphères comparables à celles de la terre, je citerai : Mercure, la plus voisine du soleil; Vénus, dont les dimensions sont à peu près celles de la terre, et qui se montre environnée d'un si brillant éclat, qu'à certaines époques elle est même visible en plein jour; Mars, où l'on a pu constater la présence de neiges et de glaciers polaires; Jupiter, la plus volumineuse des planètes circumsolaires, dont le disque est en parti obscurci par des *bandes* nuageuses, ne variant de forme et de position qu'à d'assez longs intervalles; enfin Saturne, avec son triple ou quadruple anneau et son magnifique cortège de huit satellites. Le disque de Saturne est parsemé de taches, les unes obscures, les autres brillantes, mais très variables d'éclat, et dont la forme rappelle beaucoup les bandes de Jupiter. « Il est impossible, dit encore M. Guillemin, de ne pas conclure de l'observation de ces taches qu'elles sont dues à des phénomènes atmosphériques. Vers les pôles, on a constaté, comme pour Mars, l'apparition et la disparition successives de taches blanchâtres, dues probablement à l'invasion des neiges et des glaces. » Quelle est la composition des atmosphères de ces planètes? quelles sont leurs propriétés? On l'ignore. Des êtres semblables ou analogues à nous, aux animaux et aux végétaux que nous connaissons, peuvent-ils y vivre, et y vivent-ils en effet? Il y a tout lieu de le croire, bien que l'observation ne puisse rien nous apprendre de positif à cet égard. Il n'est même pas toujours aisé de savoir positivement si une planète ou un satellite a ou n'a pas d'atmosphère; et si les astronomes ont pu se prononcer pour la négative en ce qui concerne la lune, c'est grâce à la faible distance qui nous sépare de ce globe, et qui a permis de dresser des cartes très exactes de la face qu'il nous présente. Nous verrons plus loin, en nous occupant du rôle de l'atmosphère dans les phénomènes lumineux, comment on a pu s'assurer que la lune est dépourvue d'enveloppe gazeuse.

Mais revenons à l'atmosphère terrestre, et cherchons à nous former une idée de son origine et des transformations successives qu'elle a dû subir avant de se constituer telle qu'elle est aujourd'hui.

Si nous prenons pour point de départ la célèbre hypothèse de Laplace ou celle d'Herschell, qui s'en éloigne peu, nous nous rappellerons que, d'après ces hypothèses, la terre ne fut, dans l'origine, qu'une immense atmosphère, une masse de gaz et de vapeurs incandescents et prodigieusement dilatés. Le refroidissement de cette nébuleuse amena peu à peu la condensation des substances les moins volatiles, qui formèrent au centre un noyau liquide. Ce noyau, successivement grossi par de nouvelles condensations, finit par absorber toutes les matières que l'élévation de la température maintenait seule à l'état gazeux. Mais il est impossible de ne pas voir que ces premières périodes de l'existence de notre planète durent être signalées par des phénomènes extrèmement complexes, dus aux réactions mutuelles des éléments, réactions qui nécessairement modifièrent à plusieurs reprises la composition du noyau liquide et surtout celle de son enveloppe gazeuse.

Le rôle capital des affinités chimiques dans la formation et les révolutions du noyau terrestre et de son atmosphère est indiqué d'une manière très ingénieuse et très satisfaisante par A.-M. Ampère, dans une théorie cosmogonique qui complète et rectifie en certains points celle de Laplace et d'Herschell, et qu'on trouve résumée avec beaucoup de clarté dans une note ajoutée aux *Lettres sur les révolutions du globe,* d'Alexandre Bertrand. Ampère considère d'abord, d'une manière générale, le cas d'une nébuleuse quelconque passant, par le refroidissement de ses éléments les moins volatils, de son état primitif à celui de corps stellaire ou planétaire proprement dit. Il fait remarquer que, si les affinités chimiques n'existaient pas, la condensation s'opérerait nécessairement par couches concentriques, homogènes, régulières, nettement distinctes, et dont l'ordre de superposition à partir du centre représenterait exactement la gradation ascendante des températures de liquéfaction des substances condensées.

Cette manière de voir, disons-le en passant, pèche en un point important. Ampère oublie de tenir compte des densités, qui ne correspondent nullement aux températures de liquéfaction ou de solidification, lesquelles sont ainsi entre elles dans des rapports très variables ; et ce sont là deux circonstances qui, dans l'hypothèse, troubleraient singulièrement l'homogénéité et la régularité prétendue des dépôts concentriques. Mais il serait superflu d'insister sur cette objection, qui nous écarterait de notre sujet, et qui d'ailleurs ne s'applique qu'à une hypothèse purement gratuite.

« Ce n'est pas ainsi, dit, en effet, la note à laquelle j'emprunte le résumé du système d'Ampère, ce n'est pas ainsi qu'est composé le globe terrestre, ce n'est pas ainsi que doivent l'être les planètes et les soleils répandus dans l'espace. Pour voir ce qui a dû arriver, rendons aux couches successives les propriétés chimiques dont elles sont douées, et cet ordre si régulier sera aussitôt détruit par d'immenses bouleversements.

« Lorsqu'une nouvelle couche se dépose à l'état liquide, soit que la précédente existe encore à cet état, soit que déjà elle ait passé à l'état solide, il doit se manifester entre elles une action chimique résultant de l'affinité entre les deux substances ou entre leurs éléments. De là formation de nouvelles combinaisons, explosions, déchirements, élévation de température, et dans le cas où l'une des couches au moins contiendrait des éléments divers, retour à l'état de gaz des éléments qui seraient séparés par l'effet de ces combinaisons.

« ... Ce ne serait qu'après beaucoup de bouleversements, et en vertu d'un refroidissement ultérieur, que pourrait se former une croûte continue assez solide pour mettre obstacle à de nouvelles combinaisons chimiques. Mais quand la température se serait abaissée de manière à permettre que sur cette couche solide vînt se déposer une nouvelle substance à l'état liquide, susceptible de l'attaquer chimiquement, on verrait se reproduire une série de phénomènes analogues à ceux dont nous venons de parler. C'est ainsi qu'on peut rendre compte des révolutions successives qu'a éprouvées le globe terrestre. Maintenant que la température est tellement abaissée que, parmi les corps susceptibles d'agir chimiquement avec violence, il n'y a plus que l'eau qui soit à l'état de vapeur, ce n'est plus que de l'eau qu'on peut craindre un nouveau cataclysme. » L'eau étant, comme on sait, composée de gaz hydrogène et oxygène, Ampère suppose qu'en se précipitant sous forme de pluie abondante sur des métaux tels que le potassium, le sodium, le baryum, le calcium, le magnésium, le manganèse, le fer, le nickel, le zinc, etc., encore incandescents ou du moins à une température très élevée, elle dut être décomposée, transformer ces métaux en oxydes et déterminer une immense conflagration, non seulement dans les couches supérieures de la masse condensée, mais au sein même de l'atmosphère, qui subit alors une de ses plus violentes révolutions. Il ajoute :

« Au surplus, il reste un grand monument des bouleversements qu'a produits sur le globe la décomposition des corps oxygénés par les métaux. C'est l'énorme quantité d'azote qui forme la plus grande partie de notre atmosphère. Il est peu naturel de supposer que cet azote n'ait pas été primitivement combiné, et tout porte à croire qu'il l'était avec l'oxygène, sous la forme d'acide nitreux ou nitrique. Pour cela, il lui fallait huit ou dix fois plus d'oxygène qu'il n'en reste dans l'atmosphère. Où sera passé cet oxygène? Suivant toute apparence, il aura servi à l'oxydation de substances autrefois métalliques, et aujourd'hui converties en alumine, en chaux, en oxyde de fer, de manganèse, etc. »

Quant à l'oxygène qui existe dans l'atmosphère, ce n'est qu'un reste de celui qui s'est combiné avec les corps combustibles, joint à celui qui a été expulsé des combinaisons dans lesquelles il entrait, par du chlore ou des corps analogues.

Il y aurait donc eu, à un certain moment, précipitation d'acide nitrique, dissolution des métaux, et dégagement de gaz nitreux ou hyponitrique : le tout accompagné d'une effervescence et d'une éléva-tion de température formidables, qui auraient transformé l'atmosphère en une mer bouillonnante, surchargée de vapeurs corrosives dont les énergiques réactions produisaient une mêlée indescriptible. Puis, le refroidissement s'opérant avec le temps, la précipitation recommença ; la terre fut envahie de nouveau par un océan acide, moins acide tou-tefois que le premier, et donnant lieu, par conséquent, à des réactions moins énergiques. Les eaux s'adoucirent aussi graduellement, après des précipitations et des vaporisations répétées, ou plutôt elles se chargèrent de sels, et la prédominance du sel marin donne lieu de penser que, parmi les gaz qui entraient dans la composition de l'atmo-sphère primitive, le chlore n'était pas le moins abondant. « Il arriva enfin, continue Ampère, qu'après un refroidissement nouveau, une nouvelle mer s'étant formée, elle ne recouvrait plus toute la surface du noyau solide ; quelques îles apparurent au-dessus des eaux, et la surface de la terre fut entourée d'une atmosphère formée, comme la nôtre, de fluides élastiques permanents, mais dans des proportions probablement fort différentes. Il semble, en effet, résulter des ingé-nieuses recherches de M. Brongniart, qu'à ces époques reculées l'at-mosphère contenait beaucoup plus d'acide carbonique qu'elle n'en contient aujourd'hui. Elle était impropre à la respiration des animaux, mais très favorable à la végétation. Aussi la terre se couvrit-elle de plantes qui trouvaient dans l'air, bien plus riche en carbone, une nourriture plus abondante que de nos jours ; d'où résultait un déve-loppement beaucoup plus considérable, que favorisait en outre un plus haut degré de température.

« ... Cependant les débris des forêts s'accumulaient sur le sol, s'y décomposaient, et l'hydrogène carboné qui résultait de cette décomposition se répandait dans l'atmosphère. Là il était décomposé par des explosions électriques alors beaucoup plus fréquentes en raison de la plus grande élévation de la température. Un monument de cette époque nous est offert par les houilles, immenses dépôts de végétaux carbonisés.

« A chaque grand cataclysme, la température de la surface du globe s'élevant considérablement, toute organisation devenait impossible jusqu'à ce qu'elle se fût abaissée de nouveau... L'absorption et la destruction continuelles de l'acide carbonique par les végétaux rendaient l'air de plus en plus semblable en composition à ce qu'il est maintenant. Cependant l'atmosphère n'était pas encore propre à entretenir la vie des animaux qui respirent l'air directement. Ce fut, en effet, dans l'eau qu'apparurent les premiers êtres appartenant à ce règne : des radiaires et des mollusques. La première population des mers fut uniquement composée d'invertébrés; puis vinrent les poissons, et plus tard les reptiles marins... Après l'époque des poissons, après celle des reptiles et des oiseaux, vinrent les mammifères, et enfin, l'atmosphère s'étant suffisamment épurée, la terre étant capable d'entretenir une plus noble génération, apparut l'homme, le chef-d'œuvre de la création. »

L'hypothèse que nous venons d'exposer sommairement n'a rien, on le voit, que de très admissible, au moins dans ses données principales. Elle est conforme à ce que la chimie nous apprend sur les affinités réciproques des corps réputés simples et de leurs composés, et à ce que l'on peut rationnellement présumer des compositions successives de l'atmosphère actuelle.

L'oxygène, l'azote, l'hydrogène, le chlore, le carbone, tels sont évidemment les corps qui, à raison de leur prodigieuse abondance et de leurs puissantes affinités, ont dû jouer dans les révolutions de l'enveloppe gazeuse de la terre les premiers rôles. L'action du soufre, du sodium, des métaux combustibles (métaux alcalins et terreux), n'a pu être que secondaire. Celle des agents physiques, chaleur, électricité, magnétisme, lumière, ne doit pas être oubliée. La chaleur, tour à tour cause et effet des réactions chimiques et des bouleversements qui tant de fois ont renouvelé la face du monde, a puissamment contribué à prolonger la tumultueuse mêlée des éléments. On en peut dire autant de l'électricité, qui intervient également, soit comme cause, soit comme effet, dans les combinaisons et les décompositions chimiques, dans les variations de température, dans les changements d'état des corps, dans les frottements, dans les pressions, dans la séparation brusque des molécules, etc. Quant à l'action du magnétisme, il est très difficile de la conjecturer. Il est probable qu'elle a été, à l'origine des choses, beaucoup plus intense et plus générale que de nos jours; qu'elle s'est combinée, confondue peut-être avec celle de l'électricité et de la chaleur; qu'en un mot, ces trois principes, ont été, avec la lumière, les agents essentiels de la création; qu'ils ont exercé surtout une puissante influence sur la formation et le développement des organismes. Qu'on veuille bien, à ce sujet, se reporter à ce qui a été dit, dans nos *Mystères de l'Océan*[1], de la constitution probable de l'atmosphère à l'époque où les premiers êtres prirent naissance au sein de l'Océan universel. Alors la température du globe était encore très élevée. Les eaux chaudes, saturées de matières en dissolution et en suspension, exhalaient d'épaisses vapeurs qui surchargeaient l'atmosphère. Celle-ci enveloppait le sphéroïde de sa masse volumineuse, divisée peut-être en couches distinctes, comparables à la triple atmosphère attribuée au soleil. Les rayons de l'astre vivifiant ne pouvaient la pénétrer; mais, selon toute apparence, les combustions dont elle était le siège, les courants électriques et magnétiques qui la parcouraient et la haute température entretenue par tant de causes diverses déterminaient dans ses régions supérieures un embrasement général, dont nos aurores polaires peuvent donner une idée. Les lueurs changeantes de ce ciel de feu éclairaient les scènes grandioses et sauvages de la nature en travail. Puis cette lumière alla s'affaiblissant à mesure que l'atmosphère se purifiait et que s'apaisait la lutte des éléments. Les nuées moins denses et moins pressées livrèrent passage aux rayons solaires; le jour, le vrai jour se leva sur le monde. Le chlore ayant été absorbé à l'état de sel par la masse des eaux; les îles et les continents soulevés s'étant couverts de végétaux qui peu à peu fixèrent l'énorme quantité de carbone à laquelle une partie de l'oxygène était uni; les vapeurs aqueuses enfin continuant de se précipiter, l'atmosphère se trouva réduite à peu près au mélange d'oxygène et d'azote qui la constitue actuellement. Dès lors les révolutions qui devaient encore, à plusieurs reprises, remuer et déplacer l'océan liquide cessèrent de bouleverser l'océan aérien. L'immense rideau de nuages qui naguère enveloppait le globe tout entier se déchira, s'éparpilla en lambeaux; les clartés magnéto-électriques, éteintes dans la zone moyenne, furent refoulées vers les pôles, où elles ne brillèrent plus que comme les dernières lueurs d'un vaste incendie. Les alternatives du jour et de la nuit, le cours des saisons, la distribution des températures changèrent en une circulation régulière. les fluctua-

---

[1] Un volume grand in-8°. — Tours, Alfred Mame et fils, éditeurs.

tions tumultueuses de l'atmosphère. Partout s'établit ce calme qui n'est ni l'inertie ni l'immobilité, mais l'équilibre des forces et l'harmonie des mouvements, et la vie put prendre son essor au sein des éléments pacifiés.

CHAPITRE III

HAUTEUR ET FORME DE L'ATMOSPHÈRE

On a vu dans tout ce qui précède l'affirmation implicite d'un fait important, à savoir : que l'atmosphère est une enveloppe gazeuse propre à la terre, très probablement aussi aux autres planètes, ainsi qu'aux étoiles ou soleils, c'est-à-dire aux centres d'attraction, aux foyers de chaleur et de lumière des divers systèmes. Or cette affirmation peut sembler téméraire. On peut dire aux astronomes : « Vous confessez vos doutes sur l'existence des atmosphères planétaires (existence que vous tenez seulement pour très probable), et votre ignorance absolue sur leur nature et leur constitution ; mais la chimie et la physique vous ont révélé la nature et la constitution de notre atmosphère. Vous reconnaissez qu'elle est composée de deux gaz incolores, invisibles, n'affectant aucun de nos sens. Ces gaz nous enveloppent tous tant que nous sommes ; ils sont le milieu où nous vivons et mourons, où tous les êtres passés ont vécu et sont morts. Comment donc savez-vous qu'elle ne forme autour du globe terrestre qu'une couche d'une épaisseur limitée ? Comment savez-vous si cet air n'est pas répandu dans tout l'univers, s'il ne remplit pas les espaces, s'il n'est pas un océan infini dans lequel nage l'infinie multitude des corps célestes ? Et si l'air n'est point partout, qu'y a-t-il donc là où il n'est pas ? Le vide, dites-vous, le néant, rien !... Terribles mots ! Et qu'est-ce que le vide ? qu'est-ce que le néant ? L'esprit, comme la nature, en a horreur ; il recule et se trouble devant cette sombre négation. » Ces objections n'ont rien d'embarrassant. Oui, l'astronomie et la physique, disons mieux, la science affirme que les atmosphères sont limitées à une faible distance autour de la surface solide ou liquide des corps célestes, et en particulier de la terre, et elle le prouve ; car la science prouve tout ce qu'elle affirme. Elle le prouve d'abord par l'observation simple, directe, matérielle, si j'ose ainsi dire, de tous ceux, savants ou ignorants, qui ont gravi de hautes montagnes ou qui se sont élevés à l'aide d'aérostats jusqu'aux couches supérieures de l'atmosphère. Ils ont reconnu, à des signes qu'il ne leur était pas permis de révoquer en doute, qu'à mesure qu'on s'éloigne de terre l'air se raréfie; qu'à quelques kilomètres seulement il devient tellement rare qu'on ne respire plus, qu'on éprouve un intolérable malaise, qu'on sent et qu'on voit l'horreur de ce vide, de ce néant où la vie est impossible. La terrible catastrophe du *Zénith*, où Sivel et Crocé-Spinelli ont succombé, montre assez les dangers des explorations dans ces hautes régions. — « Mais, dira-t-on encore, ce n'est là qu'une présomption, l'effet de sensations dont rien ne nous autorise à tirer une conclusion absolue. Cela prouve qu'il y a plus d'air près de la surface du globe qu'à une certaine hauteur; cela ne démontre pas que plus haut encore l'air manque totalement. » — Sans doute; et aussi la science ne se contente-t-elle point de cette preuve; elle en a d'autres tout à fait concluantes, tirées des propriétés mêmes de l'air, et qui ressortiront, je l'espère, avec évidence à l'examen que nous allons faire de ces propriétés [1]. Au surplus, je l'ai dit au début du chapitre premier, la science, en affirmant que l'atmosphère est limitée, bien que diverses raisons aient permis de regarder l'air comme indéfiniment diffusible, ne va pas jusqu'à prétendre qu'au delà l'espace est vide. Loin de là, elle incline à admettre, sous une forme et dans un sens différents, l'ancien axiome de l'école : *Natura abhorret a viduo;* à ne plus regarder comme une fiction poétique ou une rêverie philosophique cette substance indéfinissable que les philosophes grecs avaient nommé *æther*, et qu'ils plaçaient au-dessus de notre atmosphère [2]. Mais c'est là un sujet sur lequel nous reviendrons un peu plus loin. Tenons-nous pour le moment dans des régions moins sublimes.

C'est par une concession aux habitudes du langage vulgaire que nous avons présenté d'abord la plupart des gaz, et notamment l'air atmosphérique, comme des substances impalpables, incolores, n'affectant point les sens, et dépourvues en apparence des attributs de la

---

[1] Voir la suite du présent chapitre et les suivants.

[2] J'ai cité plus haut ce passage d'Ovide :

> *Hæc super imposuit liquidum, etc.*

Lucrèce dit aussi :

> *Ideo per rara foramina terræ*
> *Partibus erumpens, primus se sustulit æther*
> *Ignifer, et multos secum levis abstulit ignes.*

« S'échappant par les rares fissures de la terre, l'éther enflammé s'éleva le premier, entraînant avec lui, grâce à sa légèreté, des quantités de feux. »

matière. Nous avons démontré qu'en réalité ils participent aux plus
essentiels de ces attributs, l'étendue et l'impénétrabilité, et que,
comme tous les corps terrestres, ils sont soumis à l'action de la pesanteur, mais qu'ils doivent à la tendance constante de leurs molécules à s'écarter les unes des autres une fluidité, une expansibilité qui
n'existent ni dans les solides ni dans les liquides. C'est en vertu de
ces deux propriétés que l'air atmosphérique va se raréfiant à mesure
qu'il s'éloigne de la terre. Cette raréfaction de l'air a créé de sérieux
embarras aux physiciens qui ont entrepris de mesurer la hauteur de
l'atmosphère, de déterminer la limite qui la sépare de ce qu'on est
convenu d'appeler le vide.

« Pour connaître la hauteur à laquelle s'étend l'atmosphère, disent
MM. Becquerel, il faudrait pouvoir calculer la densité de l'air à diverses hauteurs, abstraction faite des agitations accidentelles, et dans
l'état moyen autour duquel oscillent ces perturbations... Il faudrait
encore, pour avoir une valeur exacte, tenir compte : 1° de la diminution de la pesanteur à mesure qu'on s'élève dans l'air, et en vertu de
laquelle les particules sont moins attirées vers la terre; 2° de la variation de la force centrifuge suivant la latitude [1]. »

MM. Becquerel reconnaissent toutefois que ces deux variations se
réduisent à peu de chose. Est-il donc possible d'arriver à une mesure
approximative de la hauteur de l'atmosphère?

« Cette hauteur, continuent les savants physiciens, est limitée, et
même la valeur qu'on lui assigne est peu considérable. Si l'air n'avait
pas d'élasticité, sa limite serait située aux points où la force centrifuge ferait équilibre à la pesanteur; mais comme cette condition
n'existe pas, il est nécessaire que son élasticité soit équilibrée par une
force quelconque; cette force est le poids des couches d'air qui sont
supérieures à celles que l'on considère. Mais à mesure que l'on s'élève,
l'air devient plus rare, et arrivé aux dernières couches, rien ne
presse sur celles-ci; cependant, l'atmosphère étant limitée, comme
le démontrent plusieurs phénomènes optiques dont nous parlerons,
il est nécessaire que ces couches ne se perdent pas dans l'espace, et
que, vu leur raréfaction et leur abaissement de température, leur
état physique soit modifié de telle sorte que la force élastique soit
nulle. »

Laplace a indiqué cette condition indispensable; Poisson l'a spécifiée
en montrant que l'équilibre serait encore possible avec une densité
limitée très considérable, pourvu que le fluide ne fût pas expansible;
enfin Biot, qui a résumé ces conditions (*Astronomie physique*), indique

---

[1] *Éléments de physique terrestre et de météorologie,* ch. IV.

très bien cet état des dernières couches atmosphériques non expansibles, en disant qu'elles doivent être comme *un liquide non évaporable*. L'atmosphère est donc limitée et son poids connu ; mais il n'en est pas de même de sa hauteur.

On a cependant calculé cette hauteur, en prenant pour base, soit la décroissance de la température, soit les phénomènes de réfraction lumineuse qui se produisent à l'aurore et au crépuscule. Mais on n'a pu arriver par ces divers procédés qu'à des résultats approximatifs, qui présentent entre eux de notables différences. La discussion des observations barométriques faites par Humboldt et M. Boussingault sur le Chimborazo et l'Antisana a conduit Biot à une élévation de 20,679 mètres pour la hauteur de l'atmosphère au-dessus de l'océan Pacifique. Mais d'autre part le même physicien, prenant pour base de ses calculs l'accélération de la décroissance des températures, constatée par Gay-Lussac, jusqu'à une hauteur de près de 7,000 mètres, dans une ascension aérostatique justement célèbre, a trouvé un second chiffre qui s'écarte du premier de plus de 2,000 mètres : soit 23,000 mètres. Il ajoute que, si l'on veut, d'après la même loi d'abaissement progressif des températures, pousser jusqu'au bout les conséquences des observations de Gay-Lussac, on en déduit une limite de hauteur que l'atmosphère ne peut pas dépasser. Cette limite, où la pression serait nulle, assigne à l'atmosphère une hauteur *maxima* de 47,347 mètres, avec une densité finale excessivement faible. D'autres savants sont arrivés, par des calculs non moins irréprochables que les précédents, mais basés sur d'autres lois plus ou moins hypothétiques, à des chiffres de 70,000 et de 72,000 mètres. Mairan allait jusqu'à 200 lieues, c'est-à-dire à près de 1 million de mètres. MM. Becquerel s'en tiennent aux évaluations les plus modérées. Ils pensent qu'en tout cas la hauteur de l'atmosphère n'est pas inférieure à 10 lieues ; que, selon toute probabilité, elle est d'environ 16 lieues. « Cependant, ajoutent-ils, il peut se faire que des particules d'air très rares s'étendent au delà. Quoi qu'il en soit, on peut, selon eux, admettre par approximation, quant à présent, que la hauteur de l'atmosphère est à peu près $\frac{1}{80}$ du rayon terrestre. Ainsi, en représentant par le nombre proportionnel 80 le rayon terrestre, qui a 1,500 lieues, l'épaisseur de la croûte solide et celle de l'atmosphère peuvent être représentées toutes deux par 1. »

A peine est-il besoin de faire remarquer que l'air n'existe pas seulement à la surface de la terre, mais qu'en vertu de son poids, et grâce à sa fluidité et à sa divisibilité, il pénètre partout où un accès lui est ouvert : dans les pores des corps solides et jusque entre les molécules des liquides. On le retrouve dans les tissus organiques, dans les eaux

douces et salées; le sable, la terre, les pierres même, pour peu qu'elles
soient poreuses, en sont imprégnés. On est allé jusqu'à supposer que
l'atmosphère extérieure n'était qu'une partie de la masse d'air con-
densé existant, depuis l'origine des choses, à l'intérieur du globe. Lucrèce croyait que l'air et les autres corps fluides s'étaient échappés
primitivement à travers les interstices des éléments solides, comme
l'eau est exprimée d'une éponge :

> *Quippe etenim primum terraï corpora quæque,*
> *Propterea quod erant gravia et perplexa, coïbant.*
> *In medio, atque imas, capiebant omnia sedes :*
> *Quæ, quanto magis inter se perplexa coïbant,*
> *Tam magis expressere ea, quæ mare, sidera, solem,*
> *Lunamque efficerent, et magni mænia mundi* [1].

L'opinion beaucoup plus moderne dont nous parlons se rapproche,
comme on le voit, de celle du poète philosophe, et elle n'est pas plus
soutenable. Car, comme le font observer MM. Becquerel, l'élévation
de la température due au foyer central s'oppose à la condensation des
gaz, et doit limiter la présence de l'air aux couches peu profondes.

Si la hauteur de l'atmosphère est incertaine, on sait du moins dans
quelle mesure cette hauteur varie sur les différents points du globe.
Les observations barométriques répétées maintes fois, à des hauteurs
diverses, dans tous les pays, et la connaissance des forces auxquelles
obéit l'atmosphère, permettent de déterminer très exactement sa
forme. Cette forme, ainsi que celle de la terre sur laquelle elle se moule,
serait parfaitement sphérique, si notre planète était immobile ou animée seulement d'un mouvement de translation dans l'espace. Mais la
rotation de la terre sur elle-même développe une force centrifuge qui,
comme chacun sait, acquiert à l'équateur son maximum d'intensité, et
va en diminuant jusqu'aux deux extrémités de l'axe, où elle cesse
tout à fait. De là le renflement originel de la terre dans sa partie médiane et son aplatissement aux pôles. On conçoit aisément que cette
sorte de déformation de la masse solide se fasse sentir bien plus en-

---

[1] « En effet, les premiers corps de la terre étaient pesants et lourds, se por-
taient vers le centre et tendaient à gagner le fond; et plus ils s'amassaient ainsi,
plus ils se pressaient les uns contre les autres, plus ils laissaient échapper les
principes qui devaient former la mer, les astres, le soleil, la lune, et les remparts
de l'immense univers. »
On voit par ce passage, et par d'autres du même poème, que Lucrèce considérait les astres comme formés par la substance ignée et subtile qui, dans
l'univers tel que les anciens le concevaient, occupait les plus hautes régions de
l'atmosphère.

core sur la masse fluide et mobile qui l'enveloppe; d'autant qu'à l'action de la force centrifuge s'ajoutent, entre les tropiques, la chaleur qui dilate considérablement l'air, et., vers les pôles, le froid qui le condense; en sorte que le sphéroïde atmosphérique est plus aplati que le sphéroïde terrestre lui-même. D'après les calculs de Laplace, l'axe polaire et l'axe équatorial de l'atmosphère seraient entre eux dans le rapport de deux à trois.

Après avoir considéré l'étendue, la hauteur et la forme de l'atmosphère, il nous reste, pour terminer cette étude de ses caractères physiques, à parler de sa couleur et de la pression qu'elle exerce sur les corps placés à la surface de la terre. Mais la couleur n'étant qu'un effet de la réflexion ou de l'absorption des divers rayons lumineux, c'est au chapitre où nous traiterons de l'action de l'air sur la lumière qu'il convient de renvoyer cette question. Quant au poids de l'air et à sa pression, c'est un sujet assez important et qui demande assez d'attention pour qu'avant de l'aborder nous prenions un instant de repos : — le temps de passer au chapitre suivant.

CHAPITRE IV

LA PRESSION ATMOSPHÉRIQUE — LE BAROMÈTRE

L'année 1630 est une date mémorable. Elle fut signalée par une de ces découvertes qui font époque dans les fastes de la science. Personne, jusque-là, n'avait soupçonné que l'air fût un corps pesant, qu'il exerçât, comme l'eau, sur les corps immergés dans sa masse une pression proportionnelle à sa hauteur et à l'étendue de la surface pressée. Archimède, le grand Archimède, le père de l'hydrostatique, avait ignoré que les lois qui président à l'équilibre des liquides et des corps qui y flottent ou qui y sont plongés, s'appliquent identiquement aux gaz, et par conséquent à l'air.

Au XVIIe siècle, on connaissait pourtant plusieurs des effets de la pression atmosphérique, et l'on savait fort bien les appliquer à la construction des pompes, des fontaines jaillissantes, etc. Mais, au lieu de les attribuer à leur véritable cause, on les expliquait par l'aphorisme ancien : *Natura abhorret a viduo* (la nature a horreur du vide), — apho-

risme que la nature, chose assez étrange, n'avait jamais démenti,
parce qu'on n'avait jamais essayé d'élever l'eau, par aspiration, à plus
de trente-deux pieds.

Le grand-duc de Toscane eut, en 1630, cette fantaisie ambitieuse
et toute princière. Des fontainiers reçurent de lui l'ordre d'installer
dans son palais des pompes capables d'élever et de distribuer l'eau
jusque dans les appartements supérieurs. Cela dépassait toutes les har-
diesses hydrauliques qu'on s'était permises précédemment. Les fontainiers néanmoins se mirent à l'œuvre sans hésiter, convaincus que,
puisque Son Altesse grand-ducale voulait que l'eau montât, l'eau
monterait. Les appareils furent donc établis avec grand soin. On en fit
l'essai; ils fonctionnaient parfaitement. L'eau monta jusqu'à trente-
deux pieds; on continua à pomper, l'eau ne monta plus; on redoubla
d'efforts, mais en vain. On examina les tuyaux; point de fuite, pas
la moindre fissure par où l'air pût pénétrer; et cependant les pistons
n'aspiraient plus de liquide. Grand étonnement parmi les fontainiers,
grand émoi parmi les ingénieurs et les savants de Florence. Pour
la première fois, la nature semblait se départir de son horreur du
vide.

On en référa au grand-duc. Celui-ci ne vit qu'un homme dans toute
l'Italie, dans toute l'Europe, qui fût capable d'expliquer un si étrange
renversement des idées consacrées : c'était Galilée. Hélas! Galilée, pris
à l'improviste, ne sut trouver au problème qu'une solution erronée.
C'était, dit-il, le poids de l'eau qui empêchait ce liquide de s'élever
davantage. Au fond, il devait bien s'avouer que c'était là une piètre
explication. Mais quoi! il fallait dire quelque chose : un tel homme ne
pouvait rester court devant une question de physique. Le grand-duc et
les ingénieurs florentins se contentèrent de sa réponse.

Il y avait à Rome, en ce temps-là, un jeune physicien de vingt-trois
ans, nommé Evangelista Torricelli. Il suivait les leçons de Castelli,
élève de Galilée. Malgré sa vénération pour le grand homme qui avait
été le maître de son maître, Torricelli trouva peu satisfaisante l'explication donnée par Galilée du phénomène de Florence, et il se mit en
devoir d'en chercher une autre plus plausible. En y réfléchissant, il ne
tarda pas à se convaincre que la prétendue horreur de la nature pour
le vide était une pure imagination, sans fondement comme sans portée,
une de ces phrases vides de sens qui répondent à tout sans rendre
compte de rien, et qu'il faut bannir impitoyablement du répertoire
philosophique. Si, comme le prétendait Galilée, c'était le poids de l'eau
qui l'empêchait de dépasser dans le corps de pompe une hauteur de
trente-deux pieds, pourquoi ce même poids lui permettait-il de l'atteindre? Car enfin l'ascension de l'eau s'opérait en dépit et au rebours

de la pesanteur!... N'y a-t-il donc pas là, se demanda Torricelli, quelque chose d'analogue à ce que l'on voit dans la balance : un poids faisant équilibre à un autre? Alors il songea à l'air, dont personne ne tenait compte, et qui, étant une substance matérielle, devait, comme toute autre, obéir à la pesanteur, exercer sur les corps placés à la surface du globe une certaine pression. De là à présumer que, dans un corps de pompe, l'eau s'arrête au point où elle fait équilibre à la pression extérieure de l'atmosphère, et que ce point est précisément à trente-deux pieds, ni plus ni moins, au-dessus du niveau normal, il n'y avait qu'un pas, mais un de ces pas que le génie seul sait faire, et qui mènent un homme à l'immortalité.

Toutefois, pour transformer en certitude une présomption si nouvelle, si contraire aux idées qui avaient cours de son temps, Torricelli avait besoin de la vérifier par quelque épreuve décisive. Si elle était juste, la hauteur de la colonne liquide capable de faire équilibre à la pression de l'atmosphère devait être inversement proportionnelle à la densité du liquide. Ainsi le mercure (on disait alors *argent vif*) étant environ quatorze fois plus lourd que l'eau, et ce dernier liquide pouvant monter dans le vide jusqu'à trente-deux pieds, le premier ne monterait qu'à une hauteur quatorze fois moindre, c'est-à-dire à vingt-huit pouces. — Encore une induction qui nous paraît aujourd'hui la plus simple du monde, mais qui pourtant n'était venue encore à l'esprit de personne, pas même de Galilée, et dont les conséquences théoriques et pratiques ont été immenses.

Passant aussitôt du raisonnement à l'expérience, Torricelli prit un tube long d'environ trois pieds et fermé à l'une de ses extrémités. Il le remplit de mercure, et, appuyant un doigt sur l'orifice, il renversa le tube dans une cuve contenant aussi du mercure. Puis il retira son doigt et abandonna le métal à lui-même, en ayant soin seulement de maintenir le tube dans une position verticale.

Il vit alors le mercure descendre, osciller pendant quelques instants, et s'arrêter enfin à une certaine hauteur en laissant dans le tube, au-dessus de son ménisque [1], un espace vide. La hauteur de la colonne métallique était précisément de vingt-huit pouces. Certes, en présence d'un pareil résultat, il fallut que le jeune physicien fût bien maître de lui pour ne point s'élancer hors de son laboratoire et parcourir les rues de Rome en s'écriant comme Archimède, avec une joie insensée : « Je l'ai trouvé! »

---

[1] On donne le nom de ménisque à la surface courbe qui termine les colonnes liquides dans les tubes de petit diamètre, et qui est concave ou convexe, selon que le liquide mouille ou ne mouille pas le tube. Le ménisque du mercure est toujours convexe.

L'expérience de Torricelli et les conclusions légitimes qu'il en tirait produisirent dans le monde savant une émotion extraordinaire. Les partisans du *plein universel* les attaquèrent avec fureur, tandis qu'elles étaient défendues par un parti nouveau, encore bien peu nombreux, que nous pouvons appeler le *parti du vide*. En France, le parti du vide eut pour chef Pascal. Avec un tel champion, le triomphe de la vérité

Expérience de Torricelli.

ne pouvait longtemps tarder. La célèbre expérience exécutée sur le Puy-de-Dôme, d'après les instructions de Pascal, par son beau-frère Florin Périer, et répétée à Paris par Pascal lui-même sur la tour de Saint-Jacques-la-Boucherie [1], ouvrit les yeux aux plus aveugles et ferma la bouche aux plus obstinés. « S'il arrive, avait écrit Pascal, que la hauteur du vif-argent soit moindre au haut qu'au bas de la montagne, il s'ensuivra nécessairement que la pesanteur et pression de l'air est la seule cause de cette suspension du vif-argent, et non pas l'horreur du vide, puisqu'il est bien certain qu'il y a beaucoup plus d'air qui pèse

___

[1] Voir le récit de ces deux expériences dans notre *Voyage scientifique autour de ma chambre* (chap. xvii).

sur le bas de la montagne que non pas sur le sommet; au lieu que l'on ne saurait dire que la nature abhorre le vide au pied de la montagne plus que sur le sommet. » En effet, entre les hauteurs du mercure au bas et au haut du Puy-de-Dôme, on avait observé constamment une différence de plus de trois pouces; et Pascal lui-même constata une différence de deux lignes et-demie environ au bas de la tour Saint-Jacques et sur la plate-forme de cet édifice. Les différences étaient justement proportionnelles aux hauteurs, celle du Puy-de-Dôme étant de 1,465 mètres, et celle de la tour Saint-Jacques de 50 mètres seulement.

L'épreuve était donc décisive, et montrait en même temps l'usage qu'on pouvait faire du tube de Torricelli pour mesurer la pression de l'air à diverses hauteurs, et, par suite, ces hauteurs elles-mêmes. De là le nom de *baromètre* qui a été donné à cet appareil, dont les applications, depuis, se sont fort multipliées; car on a reconnu que le poids de l'air varie, non seulement selon les hauteurs, mais encore en raison de diverses circonstances de température, d'humidité ou de sécheresse, d'agitation ou de calme, etc. Et c'est ainsi que l'on en est venu à tirer de l'ascension ou de la dépression du mercure dans le baromètre des indications précieuses sur l'état de l'atmosphère.

Nous verrons plus loin jusqu'à quel point ces indications permettent de présumer à l'avance les changements de temps. Je me bornerai, pour le moment, à rappeler sommairement les modifications que l'admirable instrument de Torricelli a subies depuis son origine.

Le baromètre-type, celui qui se rapproche le plus de l'appareil primitif, est le baromètre *à cuvette*. Il consiste en un tube de verre long de quatre-vingts à quatre-vingt-cinq centimètres, fermé à l'une de ses extrémités, rempli de mercure qu'on a fait bouillir pour en chasser l'air et l'humidité, et renversé sur une petite cuvette contenant aussi du mercure bien pur. Le tout est fixé sur une planche où sont tracées, à partir du niveau du mercure dans la cuvette, les divisions du mètre. La partie supérieure du tube, où le vide se fait par la suspension du mercure, est désignée sous le nom de *chambre barométrique*. A la hauteur du niveau de la mer et dans les conditions normales, la pression de l'atmosphère fait équilibre à une colonne de mercure de 758 millimètres.

Le baromètre à *siphon* est formé d'un seul tube, recourbé à sa partie inférieure en deux branches inégales. La plus courte, qui communique seule avec l'air, présente un renflement destiné à amoindrir les erreurs qu'il est impossible d'éviter complètement dans des appareils d'une construction aussi élémentaire. Ces erreurs se produisent aussi dans le baromètre à cuvette, mais elles y sont moins sensibles. La raison en

est simple. Les divisions sur lesquelles se mesure la hauteur de la
colonne métallique partent du niveau du mercure dans la cuvette, ou
dans la branche élargie du siphon qui en tient lieu. Mais le mercure
ne peut monter d'un côté sans descendre de l'autre; de sorte qu'à
chacune de ses oscillations le point de départ des divisions se trouve ou

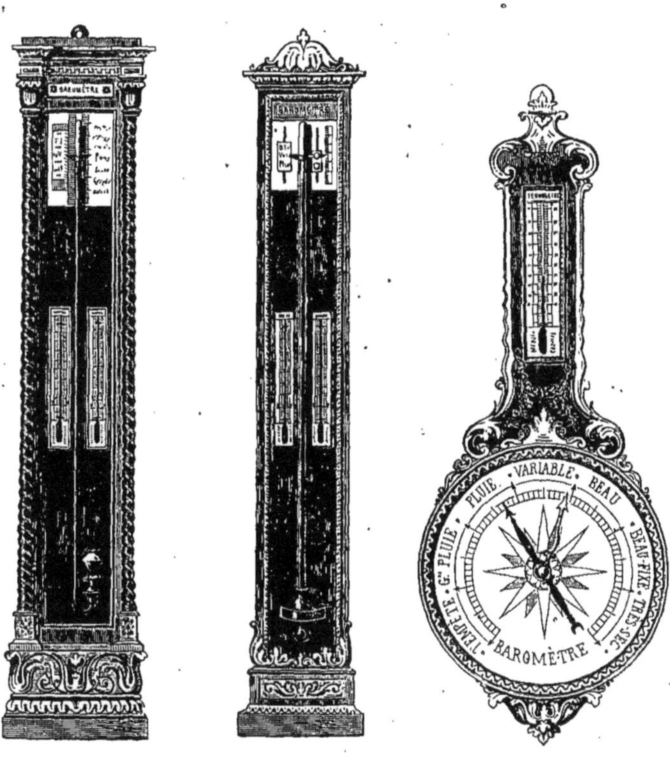

Baromètre à siphon.   Baromètre à cuvette.   Baromètre à cadran.

trop haut ou trop bas, ce qui, de toute manière, détruit l'exactitude
des indications. Sans doute, en donnant à la cuvette un grand diamètre
par rapport au tube, on réduit à très peu de chose les changements de
niveau dans la première, et cela suffit pour les baromètres ordinaires,
tels qu'on en a dans les appartements. Mais pour les appareils destinés
à des observations précises et rigoureuses, on a dû chercher à réaliser
des dispositions telles, que le niveau du mercure, tout en s'élevant et
en s'abaissant librement dans le tube barométrique, demeurât toujours
constant dans la cuvette. Un constructeur français, Fortin, a obtenu
le premier ce résultat par un artifice ingénieux qui permet d'élever ou

d'abaisser à volonté le fond de la cuvette au moyen d'une vis terminée
par une boule de buis. C'est sur cette boule que repose le sac en peau
de chamois qui forme le fond de la cuvette. En tournant la vis dans
un sens, on force le mercure à monter; en la tournant dans l'autre
sens, on le laisse redescendre, et l'on corrige ainsi très facilement l'effet
des oscillations de la colonne barométrique.

Un perfectionnement d'un autre genre a été apporté par Gay-Lussac
au baromètre à siphon. Il réside dans le mode de graduation plus que
dans la forme de l'appareil. Remarquons toutefois que Gay-Lussac, au

Baromètre *anéroïde* de M. Vidi.　　Baromètre métallique de MM. Bourdon et Richard.

lieu de donner à la branche la plus courte du siphon un diamètre plus
grand qu'à la plus petite, s'est appliqué à ce que ces deux branches
présentassent, au moins dans la région où doivent arriver les deux
ménisques, des diamètres exactement égaux.

Pour cela, il les a formées de deux tronçons d'un même tube parfaitement calibré. Toutes deux sont fermées à leur extrémité. Seulement la branche inférieure est percée latéralement d'un petit trou qui
donne accès à l'air, mais qui ne laisse point sortir le mercure, même
lorsque l'appareil est renversé. Enfin toutes deux sont placées sur une
même ligne droite, et réunies par un tube capillaire, ce qui empêche
que l'air puisse pénétrer dans la chambre barométrique. Quant à la
graduation de l'instrument, elle fait disparaître, comme on va le voir,
toute cause d'inexactitude. En effet, sur la monture sont tracées deux
échelles métriques, l'une ascendante, l'autre descendante, dont le 0, ou
point de départ commun, est au milieu de la longueur du siphon, en
sorte que la hauteur vraie est donnée par la somme des deux distances
entre le 0 et chacun des deux ménisques.

Les *baromètres à cadran*, que les gens du monde préfèrent aux baromètres *droits*, parce que leurs indications sont plus aisément observables, et que d'ailleurs ils se prêtent mieux à une ornementation élégante, sont des baromètres à siphon dont les deux branches ont le même diamètre; la plus courte est entièrement ouverte. Un peu au-dessus de son orifice se trouve une petite poulie, sur laquelle s'enroule un fil de soie assez fin pour qu'on puisse le considérer comme sans pesanteur, et portant à ses extrémités deux petites ampoules de verre pleines de mercure et ayant le même poids. L'une de ces ampoules repose sur le ménisque du mercure, dans la branche ouverte; l'autre lui fait équilibre : en sorte que la première suit, sans résistance sensible, tous les mouvements du mercure, et les communique à la poulie.

L'axe de cette dernière traverse le cadran et porte l'aiguille qui annonce tour à tour la pluie ou le vent, le calme ou la tempête. Le mot *variable*, qui se lit au sommet du cadran, correspond à la pression moyenne de 758 millimètres.

On voit que, dans ce système, ce sont les changements de niveau du mercure dans la petite branche du siphon qui fournissent les indications. Voilà pourquoi, contrairement à ce que nous avons dit plus haut des autres baromètres simples, il est nécessaire que les deux branches soient exactement du même calibre.

Malgré son apparence séduisante et son prix souvent élevé, le baromètre à cadran est peut-être le moins exact de tous. Cela tient à ce que le mécanisme qui transmet et amplifie les indications les altère aussi plus ou moins, par suite des frottements, des résistances et des dérangements auxquels il est sujet. Notons aussi que cet instrument est d'un transport assez difficile; les secousses et les inclinations inévitables en pareil cas peuvent occasionner la perte d'une certaine quantité de mercure et l'introduction de l'air dans la chambre barométrique. Les mêmes inconvénients se retrouvent, du reste, plus ou moins dans tous les baromètres à mercure. La longueur de ces instruments, leur fragilité, l'obligation où l'on est de les maintenir toujours dans la position verticale, les rendent incommodes à manier et à déplacer. Or ce n'est pas dans les appartements, ce n'est même pas dans les cabinets de physique qu'on a le plus besoin de consulter le baromètre : c'est à bord des navires; c'est dans les voyages, dans ceux surtout qui ont un but scientifique, dans les ascensions aérostatiques, dans des circonstances, en un mot, où l'instrument et son possesseur sont exposés à mille aventures. Il était donc naturel qu'on cherchât à imaginer, pour la mesure des pressions de l'atmosphère, des appareils moins volumineux et moins fragiles. Ce problème a été résolu par l'invention des baromètres métalliques à vide ou à ressort, dans lesquels il n'entre ni verre ni mercure.

Ces instruments sont de deux systèmes. L'un, qui a reçu le premier et conservé le nom de *baromètre métallique* (bien que ce nom s'applique tout aussi justement à l'autre), est dû à MM. Bourdon et Richard. Il est fondé sur le principe suivant : Si l'on exerce une pression à l'intérieur d'un tube de cuivre mince à section elliptique, contourné en spirale et fermé à l'une de ses extrémités, la spirale tendra à se dérouler. Elle tendra, au contraire, à s'enrouler, si la pression est exercée extérieurement. On comprend que si la pression est toujours nulle à l'intérieur du tube, et qu'elle varie à l'extérieur, le résultat sera le même : c'est-à-dire que, la pression augmentant, la spirale se contractera, et elle se dilatera si la pression diminue. C'est ce qui a lieu dans le baromètre de MM. Richard et Bourdon. Ce baromètre se compose, en effet, d'un tube en cuivre très mince et parfaitement écroui, dans lequel on a fait le vide, et qu'on a fermé à ses deux extrémités. Ce tube est fixé par son milieu sur le fond d'une boîte circulaire, et recourbé de manière à former une circonférence presque entière. Un double levier réunit ses deux extrémités et, par l'intermédiaire d'un engrenage, communique leurs mouvements d'éloignement ou de rapprochement à une aiguille qui parcourt un cadran tracé sur la paroi extérieure de la boîte. Les divisions de ce cadran correspondent aux différentes hauteurs du mercure dans l'ancien baromètre. On y peut ajouter, si l'on veut, les indications ordinaires : *variable, pluie ou vent,* etc.

Le baromètre métallique du second système a reçu le nom d'*anéroïde,* qui a la prétention de signifier « sans air » : prétention très mal fondée, car on serait tenté bien plutôt de traduire ce mot soi-disant hellénique par *semblable à un homme* (ἀνήρ, *homme;* ἀνέρος, forme primitive du génitif; et εἶδος, *apparence, ressemblance*). Quel besoin si pressant messieurs les physiciens ont-ils de parler le grec qu'ils ne savent point à des gens qui, pour la plupart, ne le savent pas davantage, et qui, s'ils le savent, ne peuvent que se trouver très empêchés de traduire de tels barbarismes !...

Le baromètre anéroïde donc, puisque anéroïde il y a, est dû à M. Vidi. A ne le juger que par sa forme extérieure, on le confondrait à coup sûr avec le baromètre métallique de M. Bourdon. Mais ouvrons-le, et nous verrons que la spirale est remplacée par une petite boîte en cuivre de forme lenticulaire. On a fait le vide dans cette boîte comme dans le tube de Bourdon. Ses parois sont très minces, et leur écartement est maintenu par un ressort, qui cède sous la pression de l'air lorsque cette pression augmente, et se détend lorsqu'elle diminue.

L'une des parois est fixe ; l'autre est libre, et commande à une transmission de mouvement qui fait marcher l'aiguille à droite ou à gauche sur le cadran, selon que la paroi s'abaisse ou se relève.

D'ailleurs, tous les jours on perfectionne les baromètres existants ou l'on en invente de nouveaux. En 1873, MM. Hans et Hermary, par exemple, faisaient connaître un appareil de ce genre, fort original, fondé sur la comparaison d'un thermomètre à air et d'un thermomètre à liquide. Dans la malheureuse ascension du *Zénith*, en 1875, les aéronautes avaient emporté, outre leurs baromètres anéroïdes, des baromètres construits de façon à ce que les indications fournies ne pussent être en aucun cas modifiées par les voyageurs ; ils étaient analogues, eu égard aux différences d'emploi de ces instruments, à certains thermomètres *à maxima* dans lesquels il s'échappe du tube une certaine quantité de mercure.

Nous avons vu précédemment que l'air va se raréfiant à mesure qu'on s'élève à des hauteurs plus grandes : c'est-à-dire que ses molécules s'écartent, ou, en d'autres termes, que sa densité diminue. C'est là une conséquence nécessaire de son poids, en même temps que de son élasticité.

« Puisque l'air est pesant, dit Biot, les couches inférieures de l'atmosphère sont plus comprimées que les supérieures, dont elles supportent le poids. Mais, en vertu de leur élasticité, elles doivent résister à cette pression, et faire effort pour s'étendre. Par conséquent, si l'on prenait un certain volume d'air à la surface de la terre, et qu'on le portât plus haut dans l'atmosphère, il devrait s'y dilater, c'est-à-dire former un volume plus considérable[1]. »

Ce fut encore Pascal qui le premier donna la preuve expérimentale de ce principe. D'après ses instructions, son beau-frère F. Périer, qui habitait Clermont-Ferrand, prit une vessie à demi pleine d'air, la ferma hermétiquement, et la porta jusque sur le sommet du Puy-de-Dôme. A mesure qu'il montait, la vessie se gonflait par la dilatation de l'air, et lorsqu'il arriva au but de son ascension, elle se trouva toute pleine. Puis, redescendant, il la vit se dégonfler peu à peu, jusqu'à ce qu'il fût de retour au lieu du départ, au bas de la montagne, où elle était redevenue flasque comme auparavant.

Cette expérience a été répétée depuis un grand nombre de fois, de diverses manières, et elle a toujours donné le même résultat. Donc la densité de l'atmosphère diminue à mesure que la hauteur augmente, ou, en d'autres termes, elle est en raison inverse de la hauteur.

Mais il s'en faut de beaucoup qu'à une même hauteur cette densité

---

[1] *Traité élémentaire d'astronomie physique*, t. I, chap. VI.

reste constante; elle change, au contraire, sous l'influence°de plusieurs causes, et avec elle la pression de l'atmosphère; et comme ces causes varient elles-mêmes selon les temps et les lieux, il s'ensuit que la pression moyenne n'est la même ni dans les différentes régions du globe, ni même dans les différentes parties d'une région donnée, et que pour chaque contrée elle se modifie encore suivant la saison, l'époque du mois et l'heure du jour.

Et remarquons qu'il s'agit ici, non des changements accidentels produits par les perturbations de l'atmosphère, mais des variations périodiques et sensiblement uniformes, dues à des phénomènes astronomiques ou météorologiques parfaitement réguliers. Au surplus, les causes immédiates des variations barométriques, tant périodiques qu'accidentelles, se réduisent à trois. Au premier rang se placent les changements de température, qui, en dilatant ou en contractant l'air dans une certaine région, le rendent plus léger ou plus pesant, et réagissent nécessairement sur les régions adjacentes. En second lieu viennent les déplacements de masses d'air plus ou moins considérables : déplacements qui, dans le plus grand nombre des cas, sont dus aux changements de température, mais qui dépendent aussi, bien que dans une très faible mesure, de l'attraction qu'exercent sur l'océan aérien comme sur l'océan marin le soleil et la lune. Au troisième rang enfin on peut placer l'état hygrométrique de l'air, c'est-à-dire la quantité de vapeur d'eau qu'il contient, et dont l'influence sur les oscillations du baromètre ne saurait être négligée; car, la densité de la vapeur d'eau étant environ de moitié moindre que celle de l'air, il est évident que la pression barométrique diminue ou s'accroît suivant que l'atmosphère est plus ou moins humide. Il est aisé de comprendre, d'après cela, comment il se fait que la moyenne des pressions n'est pas la même en été qu'en hiver, à midi qu'à minuit; qu'elle est autre au bord de la mer, autre dans l'intérieur des terres; qu'elle atteint son minimum sous l'équateur, et qu'elle va s'élevant à mesure qu'on avance vers les pôles.

Quant aux variations barométriques accidentelles et locales, elles dépendent évidemment, de la même manière, des changements qui surviennent dans l'état de l'atmosphère, dans sa température, dans la direction ou dans l'intensité du vent, etc.; et c'est la connaissance des rapports existants entre ces deux ordres de phénomènes qui permet de tirer des oscillations du baromètre des pronostics sur le beau et le mauvais temps.

Un fait remarquable et qu'il importe de signaler en terminant le présent chapitre, c'est que les moyennes annuelles des oscillations barométriques, comme les moyennes des températures, se trouvent distribuées à la surface du globe. suivant des lignes à peu près parallèles, qui s'échelonnent avec une certaine régularité entre l'équateur et les pôles. Ces lignes sont appelées lignes *isobarométriques*.

En général, les oscillations du baromètre sont sensiblement semblables, et donnent des courbes parallèles lorsqu'on les étudie sur des points voisins; mais à de grandes distances, le baromètre peut monter dans un lieu et baisser dans l'autre; et ordinairement une baisse extraordinaire dans un point du globe est compensée par une hausse extraordinaire dans un autre point. Cela tient évidemment à ce qu'il se forme dans l'océan aérien comme des vagues qui s'étendent d'un pays à un autre pays, et dont les points voisins sont également affectés, tandis que deux points éloignés peuvent se trouver l'un à l'endroit où la vague s'élève, l'autre au point où elle s'abaisse[1].

Ces variations de pression barométrique jouent actuellement un grand rôle dans les données de la météorologie pratique et dans les prévisions du temps. Sur les cartes publiées tous les jours par les observatoires sont tracées les courbes correspondant à ces pressions pour l'Europe entière, et c'est dans le rapprochement ou l'éloignement de ces courbes, dans leurs inflexions et dans le concours d'autres éléments encore que l'on peut trouver, jusqu'à un certain point, les moyens d'établir d'utiles pronostics relatifs aux grands phénomènes atmosphériques.

CHAPITRE V

MÉCANIQUE ATMOSPHÉRIQUE

Si, avant les expériences de Torricelli et de Pascal, on eût dit à quelqu'un, fût-ce un savant : « Au sein de cet air où vous vous croyez si libre, où vous allez et venez avec tant d'aisance, vous êtes soumis à une pression égale à celle que vous supporteriez si vous marchiez au fond d'une mer de trente-deux pieds de profondeur, ou dans un bain de vif-argent dépassant votre tête de vingt-cinq pouces, » assurément ce quelqu'un eût ri au nez de son interlocuteur, ou bien l'eût.

---

[1] *Éléments de physique terrestre et de météorologie,* chap. IV.

regardé de travers comme un mystificateur ou un fou. Rien n'est plus vrai pourtant : l'atmosphère, en raison de son poids et de sa masse immense, exerce sur tous les corps qui se trouvent à la surface du globe une pression que nous ne soupçonnons point, parce que nous y sommes habitués, parce que, loin de nous gêner, elle nous est nécessaire, mais qui n'est pas moins énorme.

Une fois qu'on est arrivé à savoir qu'à la surface de la terre les corps supportent, de la part de l'atmosphère, la même pression que s'ils étaient recouverts d'une couche de mercure de 76 centimètres de hauteur, il devient facile d'évaluer cette pression en kilogrammes. En effet, si l'on considère d'abord une surface de 1 centimètre carré, cette surface supportera la pression d'une colonne de mercure qui aurait 1 centimètre carré de base et 76 centimètres de hauteur. Or cette colonne pouvant évidemment être divisée en 76 parties égales, chacune de 1 centimètre cube, son volume sera de 76 centimètres cubes. Mais le centimètre cube d'eau pesant 1 gramme, pour le mercure, qui est 13,6 fois plus dense que l'eau, le centimètre cube doit peser 13 grammes 6 ; donc la colonne de mercure qu'on vient de considérer pèse soixante-seize fois 13 grammes 6, ou 1 kilogramme 33 grammes. Or, puisqu'on a vu ci-dessus que la pression de l'atmosphère sur une surface donnée est la même que celle d'une couche de mercure de 76 centimètres de hauteur, on peut donc dire que le poids de l'atmosphère sur 1 centimètre carré est de 1 kilogramme 33 grammes ; sur 1 décimètre carré, qui vaut 100 centimètres carrés, cette pression est cent fois plus grande, c'est-à-dire 100 kilogrammes 300 grammes ; et sur 1 mètre carré, qui vaut 100 décimètres carrés, elle est de 10,330 kilogrammes.

On a évalué, en moyenne, à un mètre carré et demi, ou 15,000 centimètres carrés, la superficie totale du corps d'un homme de taille ordinaire. La pression que l'atmosphère fait peser sur le corps humain est donc égale à quinze mille fois 1 kilogramme 33 grammes, ou environ quinze mille cinq cents kilogrammes. Je vois d'ici le lecteur étonné, incrédule peut-être, devant ce chiffre formidable. Que nous supportions un tel poids et que nous puissions respirer, nous mouvoir, travailler, dormir, que nous vivions enfin, que nous ne soyons pas écrasés, anéantis, que nous n'éprouvions pas la moindre gêne : voilà qui, même au xixᵉ siècle, peut, en effet, sembler étrange et soulever le doute dans bien des esprits, surtout si l'on ajoute que cette énorme pression, loin d'être un fardeau pour les êtres vivants, est indispensable pour maintenir l'équilibre et le jeu régulier de leurs organes ; qu'elle est une condition *sine qua non* de la vie, abstraction faite du rôle capital que l'air joue, grâce à l'action chimique de l'oxygène, dans le phénomène de la respiration. Et cependant, je le répète, rien n'est plus vrai, rien ne s'explique plus aisément.

Et d'abord la pression de l'air n'agit pas seulement de haut en bas, comme on serait tenté de le croire : elle agit aussi de bas en haut et latéralement; en un mot, dans tous les sens. C'est là un principe d'hydrostatique qui s'applique rigoureusement à l'aérostatique; de sorte que toutes les pressions se neutralisent réciproquement. Je me trompe. Les pressions étant proportionnelles aux hauteurs, celles qui agissent latéralement se neutralisent seules; mais la *poussée* de bas en haut est plus forte que la pression de haut en bas; si bien que nous devons à notre grande densité spécifique de demeurer à terre. Autrement nous serions soulevés, emportés, comme sont les ballons, jusque dans les couches d'air raréfié où, l'excès de notre poids compensant enfin l'effet de la *poussée*, nous resterions suspendus en équilibre, sans pouvoir ni monter davantage ni descendre. Il n'est donc pas surprenant que, retenus au sol par la pesanteur, pressés et poussés à la fois de toutes parts, nous ne sentions point ces pressions sur une partie de notre corps plutôt que sur une autre. Mais il reste à expliquer comment notre frêle machine y peut résister. Elle y résiste par la tension et par l'élasticité des fluides qu'elle renferme, et qui la feraient éclater, la détruiraient en un instant si elles n'étaient sans cesse tenues en respect par ce puissant contre-poids. Voyez ce pauvre petit animal qu'on a placé sous le récipient de la machine pneumatique, et qu'on a soustrait, en y faisant le vide, à cette pression salutaire. Ce n'est pas seulement le manque d'air respirable qui l'a tué : la dilatation des gaz et l'évaporation des liquides de l'organisme ont gonflé, distendu, puis déchiré les tissus; il a péri victime d'une sorte d'explosion. Qui ne sait d'ailleurs quelles sensations pénibles, douloureuses, quels accidents étranges, effrayants ont éprouvés les personnes qui se sont hasardées jusque dans les régions où la colonne barométrique est réduite à une hauteur de quelques centimètres. Des vertiges terribles, la bouffissure des membres, l'épaississement de la langue, le sang jaillissant par le nez, par les oreilles, par la bouche : tels ont été invariablement les symptômes produits par la trop grande diminution de la pression atmosphérique. Ces effets physiologiques ne sont qu'un cas particulier de la résistance que cette pression oppose à la dilatation des gaz et à la formation des vapeurs, et qu'on peut rendre sensible par diverses expériences.

Celle de la vessie contenant une petite quantité de gaz, et qui, introduite sous le récipient de la machine pneumatique, se gonfle ou se dégonfle selon qu'on extrait l'air du récipient ou qu'on l'y laisse rentrer, est un exemple du premier de ces phénomènes. Cette expérience n'est elle-même que la répétition de celle qui fut faite en Auvergne par le beau-frère de Pascal, et dont il a été parlé au chapitre précédent.

Ces dernières années ont vu s'agiter, à ce sujet, des questions d'une haute importance, soulevées par des études expérimentales auxquelles s'attache le nom de M. Paul Bert, professeur à la Faculté des sciences et membre de l'Assemblée nationale, puis de la Chambre des députés. Ces études, dont les résultats ont été exposés successivement dans une

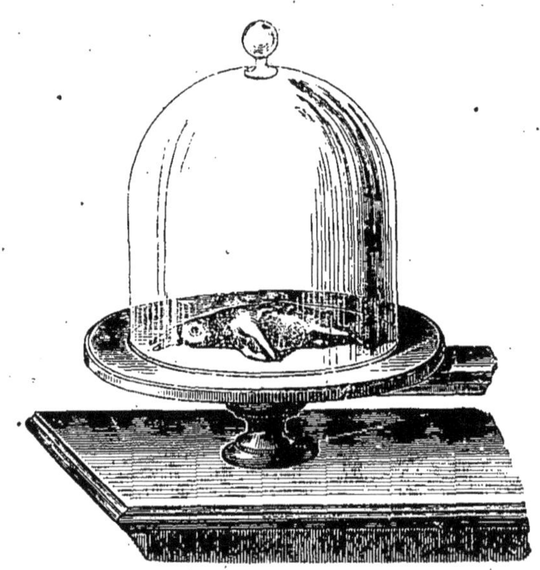

Expérience dans le vide.

série de mémoires présentés à l'Académie des sciences, avaient trait aux effets des variations de la pression de l'air sur les animaux. La théorie à laquelle était arrivé le savant expérimentateur peut se résumer à peu près ainsi, dans ses points principaux :

Lorsqu'un animal est soumis à des pressions atmosphériques moindres ou plus fortes que la pression normale, les modifications physiologiques qui se produisent en lui sont dues, selon M. Bert, non pas, comme on l'avait cru jusqu'ici, à la pression considérée en elle-même, mais à la quantité plus ou moins grande d'oxygène qui s'introduit dans le sang par la respiration, et qui en altère plus ou moins la composition. L'animal peut donc être, ou asphyxié si, la pression étant trop faible, il n'absorbe pas assez d'oxygène et si l'*hématose* est insuffisante ; il peut éprouver, au contraire, une sorte particulière d'empoisonnement, de combustion interne si, la pression étant trop forte, il absorbe un excès d'oxygène.

Dans l'un comme dans l'autre cas, le phénomène serait purement chimique.

Quant aux effets mécaniques et physiques de la compression et de la raréfaction du milieu gazeux, M. Bert les niait, et pour les nier il invoquait des expériences qui, à première vue, semblaient, il faut le reconnaître, très concluantes.

M. Bert a enfermé des animaux dans des boîtes en tôle où il pouvait, à volonté, faire le vide plus ou moins complet, ou comprimer l'air à deux atmosphères et plus, et introduire tel gaz qu'il voulait. Eh bien ! si, en comprimant fortement le mélange gazeux, ou si, le raréfiant jusqu'à la plus extrême limite, il y maintenait artificiellement la quantité d'oxygène reconnue nécessaire à l'entretien de la respiration, les animaux n'éprouvaient pas même un malaise ; tandis que, sous une pression quelconque, les symptômes d'asphyxie se reproduisaient identiquement les mêmes, dès que l'on refusait aux animaux soumis aux expériences la ration d'oxygène qui leur est indispensable.

C'est d'après ces faits que M. Paul Bert s'était cru fondé à conseiller aux aéronautes d'emporter dans les hautes régions de l'atmosphère des ballonnets d'oxygène, afin de combattre, par l'inhalation de ce gaz vivifiant, les effets de la raréfaction de l'air. Les suites lamentables de la catastrophe du *Zénith* et la mort de deux aéronautes sont venues gravement ébranler cette théorie. C'est qu'il faut compter nécessairement avec les effets mécaniques et physiques de la décompression du corps humain, surtout de la décompression rapide, subite. Ces effets sont : la dilatation brusque des gaz internes, leur effort pour s'échapper à travers les tissus, les ruptures qui s'ensuivent nécessairement, et aussi l'évaporation de l'eau, évaporation d'autant plus prompte que la pression est moindre.

Un autre physiologiste, M. le docteur Jourdanet, a également étudié les effets des variations de pression de l'air sur la vie humaine; mais M. Jourdanet est bien moins un expérimentateur comme M. Bert, qu'un observateur. Il a réuni dans un important ouvrage [1] les résultats de ses travaux, poursuivis principalement sur les hauts plateaux de l'Amérique et surtout au Mexique. Son point de vue spécial, c'était l'étude des climats d'altitude et des climats de montagne. C'est ainsi qu'il a observé dans le tempérament ordinaire des habitants, dans les caractères des affections endémiques, dans la fréquence ou la rareté des

---

[1] *Influence de la pression de l'air sur la vie de l'homme;* 2 vol. grand in-8° avec cartes et gravures. — Paris, libr. Masson.

épidémies, des différences qui lui ont paru se rapporter d'une manière constante à la pression de l'atmosphère, et il a cru reconnaître que les phénomènes physiologiques et pathologiques constatés par lui dépendaient essentiellement de l'état de l'*hématose*, c'est-à-dire de l'activité de la respiration et de l'absorption de l'oxygène.

Mais revenons aux effets physiques de la pression de l'air. Nous en avons déjà examiné plusieurs. Quant à l'évaporation des liquides, elle est notablement retardée et ralentie, elle peut même être entièrement empêchée, malgré l'élévation de la température, par un accroissement artificiel de la pression de l'air. A la pression et à la température ordinaires, l'eau, l'alcool, l'éther, etc., émettent constamment de la vapeur par leur surface, et si on les chauffe, il arrive un moment, qui varie suivant l'espèce du liquide, mais qui est constant pour chacun d'eux, où la masse entière se vaporise. C'est ce qu'on nomme l'ébullition. L'eau, par exemple, bout à 100° centigrades, l'alcool à 76°, l'éther à 37°. Mais à mesure que la pression de l'air augmente, le point d'ébullition s'élève; à mesure qu'elle diminue, le point d'ébullition s'abaisse. Sur les hautes montagnes, l'eau bout bien plus facilement que dans les plaines. Au sommet du mont Blanc, c'est à 84° qu'elle entre en ébullition : ce qui rend très lente et très difficile, à cette altitude, la cuisson des aliments. Si l'on met de l'eau froide dans une capsule sous la cloche de la machine pneumatique et qu'on fasse le vide, cette eau ne tarde pas à entrer en ébullition. De l'alcool et de l'éther bouilliraient plus promptement encore, et à des températures d'autant plus basses que leurs points d'ébullition, dans les circonstances ordinaires, sont moins élevés.

Si des effets physiques de la pression de l'air on passe à ses effets mécaniques, on ne sera plus étonné de leur puissance ni des applications que l'homme en a su faire bien longtemps avant d'en connaître le principe.

La plus ancienne peut-être, et à coup sûr la plus universellement employée des machines atmosphériques, celle, en outre, qui a été le prototype de presque toutes les autres, c'est la pompe. L'inventeur de la pompe, s'il était connu, devrait être placé, sans contredit, dans la reconnaissance et dans la vénération des hommes, au même rang que les inventeurs, également inconnus, hélas! de la charrue, de la voiture et du navire!

La pompe primitive, c'est évidemment la pompe aspirante. Sa construction et son mécanisme sont d'une simplicité antique; mais il n'en fallut pas moins, pour les concevoir et les appliquer, une inspiration qui, eu égard à l'état des connaissances scientifiques des anciens, suppose un génie exceptionnel; à moins toutefois que cette belle invention n'ait été, comme tant d'autres, l'effet d'un hasard heureux.

Les machines pneumatiques et les machines à compression, dont on fait un si fréquent usage dans les cabinets de physique, sont de véritables pompes servant, les premières à raréfier l'air, les secondes à le condenser. La pression de l'atmosphère est appliquée, dans d'autres

Tàte-vin.   Vase de Tantale.   Siphon.

appareils, au déplacement des liquides, et particulièrement de l'eau, mais directement, sans le secours d'aucun mécanisme et à l'aide de dispositions extrêmement simples.

Quoi de plus simple, en effet, que le *tâte-vin* et que le *siphon*? Le tâte-vin est un tube droit en fer-blanc, muni d'une anse et terminé à son extrémité inférieure par un petit cône à ouverture presque capillaire. On le plonge dans le tonneau dont on veut déguster le contenu. Lorsqu'il s'est rempli de liquide, on appuie le pouce sur l'orifice supérieur et l'on enlève le tube, qu'on peut transporter ainsi sans qu'il se vide, parce que la pression de l'air n'agit point sur le liquide de haut en bas, mais seulement de bas en haut; aussitôt qu'on, retire le pouce, l'équilibre des pressions inférieure et supérieure s'établit, et le liquide, obéissant à la pesanteur, s'écoule par l'ouverture du cône qui termine l'instrument.

Le siphon est un tube doublement coudé, à branches inégales, qu'on emploie pour dépoter les liquides, lorsque, par un motif quelconque, on ne peut ou l'on ne veut pas déranger les vases qui les contiennent. Soit V un vase rempli d'un liquide qui a laissé un dépôt et qu'on veut, sans le troubler, faire passer dans un autre vase Z. On commence par amorcer le siphon, c'est-à-dire qu'on le remplit entièrement du même liquide qu'il s'agit de dépoter; puis, tenant un doigt appuyé sur l'orifice de la plus petite branche, on plonge cette branche dans le vase V, en ayant soin que l'autre branche se trouve au-dessus du vase Z, et l'on abandonne l'appareil à lui-même. On voit alors le liquide s'écouler par la plus longue branche, jusqu'à ce que son niveau en V affleure l'extrémité la plus courte. Pour se rendre compte de ce phénomène, il suffit de considérer que la pression atmosphérique qui agit sur le liquide contenu dans le vase V, pour le faire monter dans le tube, n'a à triompher que d'une colonne dont la hauteur est comprise entre la surface du liquide et le coude du siphon; tandis que pour refouler le même liquide dans le vase V, il faudrait qu'elle l'emportât sur le poids de la colonne contenue dans la grande branche. C'est pourquoi le siphon étant une fois rempli, l'écoulement continue tant que l'air ne peut pas pénétrer dans la plus courte branche, ou, ce qui revient au même, tant que l'extrémité de celle-ci reste plongée dans le liquide.

On montre dans les cours de physique, pour l'amusement des élèves autant que pour leur instruction, un petit appareil qui n'est qu'une application du siphon, et qu'on désigne sous le nom de vase de Tantale. C'est une coupe de verre dans laquelle se trouve un petit personnage qui représente, avec une ressemblance que je ne garantis point, l'infortuné « convive des dieux », victime de la jalousie du grand Jupiter, et dévoré d'une soif ardente qu'il lui est interdit d'étancher. Ayons pitié de lui; versons de l'eau dans cette coupe qui va devenir pour lui une baignoire. L'eau monte, monte : il va donc pouvoir rafraîchir son gosier brûlant! Point! au moment où il va y tremper ses lèvres, le liquide s'écoule, la coupe est vide. Nous la remplissons de nouveau, elle se vide comme la première fois; nous recommencerions en vain, il faut y renoncer : le pauvre Tantale ne boira pas. C'est Jupiter, — je veux dire la pression de l'air, — qui s'y oppose. En effet, sous le vêtement du supplicié est caché un siphon dont la petite branche se trouve dans la coupe même, tandis que la plus grande traverse le fond et va déboucher au dehors. Donc, lorsqu'on verse de l'eau, le siphon se remplit

en même temps que la coupe; il est amorcé lorsque le niveau de
l'eau atteint le sommet de la courbe formée par le tube; alors, esclave
impitoyable de la pesanteur, le liquide s'écoule, et bientôt laisse le
baigneur à sec.

Puisque nous parlons de physique amusante, c'est ici le lieu de révé-
ler au lecteur le secret de la bouteille inépuisable et miraculeuse d'où

Bouteille enchantée.

les prestidigitateurs versent à la ronde, au choix des spectateurs, tout
un assortiment de liqueurs fines. Cette bouteille n'est pas en verre, mais
en métal habilement peint et imitant le verre. Elle est partagée intérieurement, suivant son axe, en cinq compartiments, par des cloisons
qui rayonnent du centre à la circonférence. Chaque compartiment forme
ainsi une petite bouteille à goulot extrêmement étroit, et d'où le liquide
ne peut s'écouler qu'à la condition qu'on donne accès d'un autre côté à
la pression de l'air. A cet effet, on a ménagé dans la paroi extérieure
de la bouteille cinq petites ouvertures correspondant aux cinq compartiments, et disposées de telle façon que chaque doigt de la main qui tient

la bouteille ferme une de ces ouvertures. On n'a plus alors qu'à lever, par exemple, le pouce pour verser du cognac, l'index pour verser de l'anisette, et ainsi de suite. Les verres qu'on offre aux amateurs étant d'ailleurs très petits, l'opérateur, qui a bien soin encore de ne pas les remplir, peut satisfaire un grand nombre de personnes de goûts différents. Voilà tout le sortilège.

L'appareil dont on attribue l'invention au philosophe Héron, d'Alexandrie, dut, lorsqu'il parut, un siècle environ avant Jésus-Christ, exciter vivement l'admiration et l'étonnement. Il offre encore aujourd'hui une des plus jolies expériences que l'on puisse montrer aux gens du monde et à la jeunesse, et n'est nullement indigne de figurer dans une serre, dans un salon, même dans un boudoir : d'autant que rien n'empêche de le construire avec autant de richesse et d'élégance que tout autre objet de luxe ou de fantaisie. La fontaine de Héron, — tel est le nom de cet appareil, se compose de deux globes de verre, A et B, placés à une certaine distance l'un au-dessus de l'autre et réunis par deux tubes a et b. Le globe supérieur A est surmonté d'une cuvette traversée en son milieu par une tubulure à jet d'eau c, qui plonge jusque très près du fond du globe A. L'un des deux grands tubes a débouche aussi dans cette cuvette, et descend jusqu'à la partie inférieure du globe B, tandis que l'autre tube b va du sommet de B au sommet de A. Pour faire fonctionner cet appareil, on enlève la tubulure c, et par l'ouverture qu'elle laisse libre on remplit d'eau le globe supérieur A ; on remet la tubulure, et l'on verse de l'eau dans la cuvette. Cette eau s'écoule par le grand tube a dans le réservoir inférieur B, en chasse l'air, qui remonte par le tube b dans le globe A, et à son tour refoule l'eau contenue dans le globe, et la fait jaillir avec force par la tubulure. Cette eau retombe dans la cuvette, et s'écoule à son tour dans le réservoir B ; de nouvelles quantités d'air sont ainsi continuellement refoulées de ce dernier dans le globe A, et le jet d'eau continue jusqu'à ce que ce globe soit vide.

La fontaine intermittente est un appareil du même genre, et qui, comme le précédent, montre, sous une forme très ingénieuse et très élégante, les effets de la pression et de l'élasticité de l'air. Le globe A, hermétiquement fermé avec un bouchon de verre rodé à l'émeri, se remplit d'eau jusqu'à l'affleurement du tube T, qui lui sert de support et qui descend dans le bassin B. Ce tube est percé, à une hauteur qui ne doit point dépasser celle des bords du bassin, de petits trous destinés à donner accès à l'air dans le globe A. A la partie inférieure de celui-ci sont adaptées deux tubulures t t, qui ne se ferment point. Le bassin B est aussi muni d'un tuyau d'écoulement, dont l'orifice est tel, que son débit soit moindre que celui des deux tubulures t t réunies. Il arrive, en conséquence, un moment où l'eau provenant du globe A s'élève dans le bassin au-dessus des trous percés dans le tube T. Alors, l'air cessant d'avoir accès dans le globe et de presser sur la surface de l'eau qu'on y a mise, l'écoulement cesse. Puis, au bout de quelques instants, l'eau ayant baissé dans le bassin, les trous sont mis à découvert, l'air

Fontaine intermittente.   Fontaine de Héron.

pénètre de nouveau en A, l'écoulement recommence, et ainsi de suite, jusqu'à ce que toute l'eau contenue dans le globe ait été expulsée.

Dans le *fusil à vent* l'on utilise, pour lancer une balle, la force élastique de l'air comprimé.

Le fusil à vent se compose d'un canon qui se visse sur une crosse creuse en métal très résistant. Ces deux pièces étant séparées l'une de l'autre, on introduit une balle dans la culasse du canon et on com-

prime l'air dans la crosse. On peut aller jusqu'à quarante atmosphères.
Une soupape ferme la crosse de dedans en dehors, d'autant plus hermétiquement que la pression est plus forte, et empêche toute déperdition
d'air. Le canon est ensuite vissé sur la crosse, et l'arme est prête. Une
batterie dont la détente ouvre instantanément la soupape livre passage

Machine de compression.

à un jet d'air qui chasse la balle avec une grande force. Comme la
soupape se referme aussitôt, une seule charge d'air suffisamment comprimé fournit de quoi tirer plusieurs coups ; mais il est aisé de deviner
que la projection devient de moins en moins énergique à mesure que
la crosse se vide, et qu'il arrive un moment où la balle ne va plus
tomber qu'à quelques pas de la bouche du fusil. C'est alors le *telum
imbelle sine ictu* dont parle Virgile. Au début, et alors que l'arme est
bien chargée, la balle peut, à trente pas, traverser une planche d'un
à deux centimètres d'épaisseur, et serait, par conséquent, capable de
faire une blessure mortelle.

Les pompes, dont nous avons parlé précédemment, sont des machines que l'homme met en jeu par ses propres forces, pour triompher des résistances que lui opposent diverses forces physiques. Il parvient, avec leur aide, à élever de l'eau à une assez grande hauteur où à la projeter au loin, ou bien à faire le vide dans un espace donné, ou bien, au contraire, à y condenser des gaz, mais tout cela au prix d'un travail musculaire plus ou moins énergique, d'une fatigue plus ou moins grande, et toujours, en somme, pour d'assez minces résultats.

Or, un jour, l'homme a conçu l'idée, bien simple, n'est-ce pas? de renverser, pour ainsi dire, le principe de ses engins, et, au lieu de s'évertuer à vaincre la pression ou l'élasticité de l'air; le poids de l'eau ou la force négative du vide, de laisser agir ces forces, de leur donner la machine à mouvoir. Et l'homme s'est ainsi créé des serviteurs d'une docilité et d'une puissance incomparables. Il suffit de citer la machine à vapeur.

Qu'était à son origine la machine à vapeur? Un corps de pompe, dans lequel un piston était poussé alternativement de bas en haut par la force élastique de la vapeur d'eau, et de haut en bas par la pression de l'atmosphère. Plus tard, l'action atmosphérique a été éliminée. On a trouvé plus avantageux d'employer la vapeur seule, et Watt a construit l'admirable machine à double effet, où la vapeur est amenée tour à tour sur la face supérieure et sur la face inférieure du piston [1]. Mais le mécanisme originel et fondamental est resté; l'agent moteur seul a changé et pourra changer encore. On a déjà tenté de substituer à la vapeur l'acide carbonique, l'éther, le chloroforme, et enfin le gaz d'éclairage enflammé et dilaté par l'électricité. On a employé aussi, avec un commencement de succès, l'air comprimé. Ce système avait séduit, par sa simplicité, d'excellents esprits. Comme il rentre d'ailleurs, au premier chef, dans la mécanique atmosphérique, sa description et son histoire complète sembleraient avoir leur place marquée dans ce chapitre. Mais il en a été de la machine à air comprimé comme de tant d'autres inventions, annoncées à leur début comme devant changer la face du monde, et qui, malgré le talent et les efforts de leurs promoteurs, n'ont pas tardé à succomber devant l'arrêt souverain de ce juge incorruptible qu'on nomme l'expérience. Cependant la machine à air comprimé n'est pas morte; elle a rendu d'immenses services pour les travaux de percement du tunnel du mont Cenis, et l'on n'a point renoncé à appliquer cet utile moteur à la traction des voitures. Dans quelques villes déjà,

---

[1] Voyez, dans les *Merveilles de l'industrie*, l'histoire de la machine à vapeur, de ses transformations et de ses applications.

des locomotives à air comprimé fonctionnent, dit-on, sur les lignes de tramways.

Au mont Cenis, les ingénieurs, qui disposaient d'immenses chutes d'eau, s'en sont servis pour comprimer l'air, en employant les appareils de M. Colladon, de Genève, si bien utilisés par M. Sommeillier. Des conduites d'un grand diamètre, par conséquent difficiles à entretenir et d'un prix de revient considérable, servaient à transporter l'air depuis les compresseurs jusqu'au fond de la galerie. Aujourd'hui on utilise au tunnel du Saint-Gothard les perforateurs du mont Cenis; mais comme ils ne peuvent être appliqués avantageusement qu'avec l'air comprimé, on a dû construire des machines à comprimer l'air, mises en mouvement par la vapeur ou par une force hydraulique.

Une autre fort curieuse application de l'air raréfié ou comprimé, c'est ce qu'on appelle la poste atmosphérique. Ce mode de transport des dépêches existe déjà dans plusieurs capitales de l'Europe, et particulièrement à Paris, où il fait communiquer une dizaine de stations par des conduites souterraines, et semble destiné à remplacer, au moins en partie, sinon tout à fait, le télégraphe électrique. On s'est d'abord servi, pour la poste atmosphérique, d'air comprimé pour pousser, dans des tubes pneumatiques, les boîtes contenant les dépêches manuscrites. C'était comme dans les sarbacanes, où l'on souffle pour chasser au loin le projectile. Aujourd'hui on fait le vide en avant des boîtes, sans dépasser la pression d'une atmosphère, et en même temps on injecte de l'air comprimé en arrière des boîtes.

La poste atmosphérique, qui réalise une vitesse de plus de 10 mètres par seconde, présente de tels avantages, que plusieurs inventeurs, parmi lesquels MM. Mignon et Rouart, M. Crespin, avaient proposé d'installer une communication de ce genre entre Versailles et la capitale. Dans le projet de M. Crespin, il y aurait eu une station à Bellevue, à peu près au milieu du trajet; trois usines, établies à Paris, Bellevue et Versailles, devaient comprimer l'air et faire le vide nécessaire, à l'aide d'une force de 150 chevaux-vapeur. Ce projet aurait remplacé avec avantage, entre les deux villes, non seulement le télégraphe électrique, comme dans Paris même, mais la poste et les pigeons voyageurs; car ces trois systèmes fonctionnaient de l'une à l'autre. Ces projets ont perdu tout intérêt depuis que Versailles n'est plus le siège du gouvernement.

Je citerai encore, comme emploi intéressant de l'air comprimé, l'application qu'on en fait, dans plusieurs villes d'Allemagne, d'Autriche, d'Italie, au traitement des diverses affections des voies respiratoires, de certaines surdités, etc., dans des appareils disposés comme ceux où M. Paul Bert a fait ses curieuses expériences. Il s'est même fondé à Paris un établissement de ce genre, et le médecin appelé à le diriger a présenté à l'Académie de médecine un mémoire où il donnait une description complète de *l'aérothérapie*, des moyens à l'aide desquels on la pratique et des résultats déjà obtenus. L'avenir dira quel profit on peut sérieusement retirer d'un mode de traitement qui me paraît encore insuffisamment éprouvé.

CHAPITRE VI

L'AÉROSTATION ET L'AÉRONAUTIQUE

Rien ne nous paraît plus simple aujourd'hui que l'ascension d'un aérostat. Les principes élémentaires de la physique nous en fournissent aisément l'explication. Qu'est-ce, en effet, qu'un ballon gonflé de gaz hydrogène ou de gaz d'éclairage? C'est un corps plus léger que le volume d'air qu'il déplace. Comme tous les corps plongés dans un fluide, il est soumis à la fois à l'action de la pesanteur qui tend à le faire tomber, et à la *poussée* qui le sollicite en sens opposé, c'est-à-dire de bas en haut; celle-ci est la résultante des pressions exercées par l'air environnant sur chaque élément superficiel du ballon, normalement à cet élément. Elle comprend les pressions de haut en bas et celles de bas en haut; cette poussée est égale au poids de l'air déplacé par l'aérostat, et comme, grâce à la faible densité du ballon, la première force est moindre que la seconde, il obéit à cette dernière : au lieu de tomber, il s'élève jusqu'à ce qu'il arrive à une hauteur où, son poids redevenant égal à celui de l'air ambiant, l'équilibre des forces contraires se rétablit, et il demeure suspendu dans l'atmosphère.

Cela est fort élémentaire assurément. Et pourtant, lorsque, — il y a, au moment où j'écris, quatre-vingt-seize ans jour pour jour — nos pères virent planer dans la région des nuages le premier de ces météores artificiels, rien n'égala leur étonnement et leur admiration.

C'est qu'alors la physique et la statique des gaz étaient à peine ébauchées, que l'existence de fluides élastiques autres que « l'air commun » venait seulement d'être reconnue par quelques chimistes, et qu'à force de se traduire par des théories de l'autre monde et par des tentatives insensées, l'idée si séduisante de voguer au sein de l'océan aérien avait fini par tomber au rang des chimères ridicules, avec la pierre philosophale et l'élixir d'immortalité.

Mais il n'est pas d'utopie si discréditée dans l'opinion, si solennellement condamnée par la science, qui ne passionne encore çà et là certains esprits aventureux et indisciplinés; et il n'est pas rare qu'un hasard heureux, parfois même une conception erronée, conduise inespérément à la solution du problème quelqu'un de ces rêveurs obstinés. Ainsi, tel malade que les plus savants praticiens avaient abandonné a été guéri par le remède d'un empirique ignorant, et du même coup l'art médical s'est enrichi d'un précieux remède contre une maladie réputée jusque-là incurable.

A Dieu ne plaise qu'il entre dans ma pensée de diminuer la gloire des créateurs de l'aérostation! Certes, les frères Montgolfier n'étaient point des ignorants. L'aîné, Michel, mourut membre de l'Institut, et les arts mécaniques lui durent plus d'une invention utile. Le plus jeune, Étienne, avait montré dès l'enfance une rare aptitude pour les sciences, et il eût sans doute conquis parmi les chimistes de son temps une place distinguée, si la mort ne l'eût arrêté au milieu de sa carrière. Nous allons voir cependant que le hasard fut bien pour quelque chose dans la découverte qui a immortalisé leur nom; ou plutôt que les lois de la physique vinrent fort à propos corriger leurs erreurs, et qu'ils durent le succès de leurs expériences à un effet tout autre que celui qu'ils s'efforçaient d'obtenir.

On sait que les frères Montgolfier dirigeaient en commun, à la fin du siècle dernier, une importante manufacture de papiers située à Vidalon-lez-Annonay. Leurs loisirs étaient presque entièrement occupés par des études scientifiques, auxquelles le plus jeune surtout s'adonnait avec une ardeur extrême. La pensée d'ouvrir aux hommes, comme on l'a dit plus tard, la route des cieux, leur fut, dit-on, inspirée par le spectacle des nuages qui, chaque jour devant leurs yeux, se formaient et flottaient sur les cimes des montagnes. Ils se demandèrent si l'homme ne pourrait pas produire une sorte de nuage artificiel, l'emprisonner dans une enveloppe légère, et s'y suspendre. Sachant que les nuages sont formés par la vapeur d'eau, ils gonflèrent d'abord avec cette vapeur, puis avec de la fumée de bois, des enveloppes en toile qui furent, en effet, soulevées, mais retombèrent presque aussitôt; car la vapeur, en se refroidissant, se condensait sur les parois. Découragés par ce résultat, ils avaient suspendu leurs expériences, lorsqu'un jour Étienne, étant allé à Montpellier, y acheta la traduction, récemment publiée, de l'ouvrage de Priestley sur les *différentes espèces d'air*. Il lut avec avidité ce livre, où étaient exposées les propriétés de divers gaz jusqu'alors inconnus, et notamment celles de l'*air inflammable* (l'hydrogène), découvert, en 1777, par Cavendish. Il entrevit dans ce fluide le véhicule de la navigation aérienne, et en revenant à Annonay il cria à son frère, du plus loin qu'il l'aperçut : « Nous pouvons maintenant voguer dans l'air ! »

Tous deux reprirent leurs essais avec une ardeur nouvelle. L'*air inflammable* leur parut, à raison de sa pesanteur spécifique, treize fois et demie moindre que celle de l'air commun, tout à fait propre à leurs desseins. Mais ce gaz avait l'inconvénient de s'échapper très promptement à travers les tissus dont MM. Montgolfier formaient leurs enveloppes, et qu'ils ne savaient pas rendre imperméables. Ils renoncèrent donc à l'employer, et revinrent à leur idée primitive de composer, pour ainsi dire, de toutes pièces, des nuages artificiels. L'électricité était alors fort à la mode; on y avait recours pour expliquer tout ce qu'on ne comprenait pas, et on lui attribuait toutes sortes de vertus extraordinaires. Les deux frères, supposant que c'était sans doute l'électricité qui tenait les nuages suspendus dans l'atmosphère, crurent obtenir un dégagement de ce fluide en combinant une fumée alcaline, celle de la laine, avec une fumée acide, celle de la paille. Un ballon ouvert à sa partie inférieure, et sous lequel ils brûlèrent une certaine quantité de ce mélange, s'éleva, comme ils l'avaient espéré, à une assez grande hauteur, mais ne tarda pas à retomber. Ils eurent alors l'heureuse idée de suspendre un réchaud sous l'orifice, en sorte que la machine emportât avec elle la cause de son ascension. L'expérience, tentée dans ces conditions, réussit à souhait, et MM. Montgolfier se décidèrent à la renouveler publiquement : ce qu'ils firent le 5 juin 1783, à Annonay, avec un plein succès, en présence des députés aux états du Vivarais et d'une foule nombreuse. Un globe de 11 mètres 30 de diamètre, en toile doublée de papier, pesant environ 215 kilogrammes, et chargé, en outre, d'un poids de 200 kilogrammes, s'éleva en dix minutes à une hauteur de 1,500 mètres, et alla tomber à environ 2,500 mètres de son point de départ.

Il est inutile de dire que, comme le démontra bientôt après Th. de Saussure, l'ascension de ce ballon était due, non pas à la nature particulière de la fumée produite par le mélange de paille et de laine, mais simplement à la dilatation des gaz par la chaleur. Néanmoins les frères Montgolfier se persuadèrent qu'ils avaient trouvé leur *nuage électrisé,* et même qu'ils avaient découvert un nouveau gaz; et leur erreur fut quelque temps répandue dans le public, où l'on parlait du *gaz de MM. Montgolfier,* lequel était, disait-on, deux fois moins pesant que l'air respirable.

Lorsque l'expérience d'Annonay fut connue à Paris, elle y frappa vivement l'esprit du public et du monde savant. Les deux frères furent mandés à l'Académie des sciences, et la cour et la ville, comme on disait alors, ne songèrent plus qu'à organiser des expériences aérostatiques. Un physicien nommé Jacques-Alexandre-César Charles, déjà connu à cette époque pour un professeur disert et un habile expérimentateur, n'eut pas plus tôt connaissance de la nouvelle découverte, qu'il s'occupa de la perfectionner, en substituant l'*air inflammable* au prétendu gaz Montgolfier. Il ne fut point arrêté par la facilité avec laquelle l'hydrogène s'échappe à travers les tissus, et réussit sans peine à faire disparaître cet inconvénient, en enfermant le gaz dans une enveloppe de taffetas rendu imperméable par un enduit de caoutchouc dissous dans l'essence de térébenthine.

Bientôt, grâce à lui, l'expérience d'Annonay eut à Paris sa contrepartie. Tandis que les frères Montgolfier préparaient péniblement chez le papetier Réveillon la machine à air chaud qui devait s'élever en présence des commissaires de l'Académie, un ballon à air inflammable, en taffetas gommé, construit chez les frères Robert par les soins de Charles, s'élançait du Champ-de-Mars dans les airs, aux regards émerveillés d'une multitude immense, le 27 août 1783. Le 21 novembre suivant, un jeune savant auquel sa témérité devait coûter la vie deux ans plus tard, Pilâtre du Rozier, osa le premier s'aventurer dans les airs sur une *montgolfière,* ou ballon à air dilaté. Il était accompagné, dans cette expédition, du marquis d'Arlandes. Les deux hardis voyageurs, partis à 1 heure 50 minutes du jardin de la Muette, allèrent descendre sans accident de l'autre côté de Paris, dans un endroit appelé la Butte-aux-Cailles, situé entre les barrières d'Enfer et de Fontainebleau. Enfin, le 1er décembre, les physiciens Charles et Robert exécutèrent les premiers une ascension à l'aide d'un ballon gonflé de gaz hydrogène, et enveloppé d'un filet auquel était suspendue une nacelle où se placèrent les aéronautes. Ceux-ci emportaient un thermomètre et un baromètre pour observer les changements de température et mesurer les hauteurs. La nacelle était chargée de sacs de sable, et le ballon muni d'une soupape : ce qui permettait d'augmenter la légèreté spécifique de l'appareil en jetant du lest, ou de la diminuer en laissant échapper du gaz. Le voyage s'exécuta sans accident, et Charles et Robert purent se convaincre que, par un temps calme, la manœuvre du ballon était extrêmement simple et facile.

A dater de ce jour, les montgolfières furent à peu près abandonnées pour les *charlienncs,* ou ballons à gaz hydrogène. L'aérostation était créée, et l'on pourrait presque dire que son histoire finit là, si du moins l'histoire d'un art ou d'une science doit être, comme il me semble, celle de ses perfectionnements successifs. En effet, hormis l'invention du parachute, due à l'ancien conventionnel Jacques Garnerin, l'art aérostatique n'a réalisé depuis la fin de l'année 1783 aucun progrès considérable, et je ne puis que répéter aujourd'hui ce que j'écrivais il y a vingt ans : « On n'a rien changé et presque rien ajouté aux dispositions imaginées par Charles, et les ballons que, de nos jours, on donne en spectacle au public, ne sont que la copie, indéfiniment reproduite avec d'insensibles modifications, de celui que ce physicien construisit en 1783. Charles fut donc, au moins autant que MM. Montgolfier, le père de l'aérostation; car si ces deux frères furent, malgré leurs erreurs, assez bien servis du hasard pour arriver les premiers à un résultat pratique, tous les perfectionnements rationnels et vraiment scientifiques introduits ensuite dans la construction et la manœuvre des ballons furent exclusivement l'œuvre de Charles [1]. »

Quant aux services que l'aérostation a rendus à la civilisation et à la science, jusqu'à ces dernières années, ils se réduisent aussi à peu de chose. La presque totalité des innombrables ascensions exécutées en Europe depuis quatre-vingt-dix ans n'ont été pour le public qu'un amusement, et pour les aéronautes qu'une spéculation très légitime assurément, mais dans laquelle l'intérêt scientifique n'entrait, en général, pour rien. Il faut excepter toutefois celles que de savants et courageux investigateurs ont entreprises dans le but d'étudier la décroissance des températures, les conditions électriques et magnétiques de l'atmosphère, etc. Ces explorations, parmi lesquelles il faut citer surtout celles de MM. Biot et Gay-Lussac, Bixio et Barral, Glaisher et Coxwel, Tissandier, W. Fonvielle, Laussedat, Flammarion, etc., ont puissamment contribué, comme nous le verrons plus loin, aux progrès de la physique atmosphérique et de la météorologie.

En 1793, Guyton-Morveau proposa à la Convention d'employer les aérostats comme moyen d'observer les manœuvres des armées ennemies. Le comité de salut public chargea un jeune ingénieur, nommé Coutelle, d'organiser une compagnie d'*aérostiers*, et de construire un ballon muni de cordes à l'aide desquelles on pût le tenir captif, le faire monter ou descendre, et le diriger à volonté. Cette singulière machine de guerre fut employée en 1794 au siège défensif de Charleroi et au siège offensif de Maubeuge.

---

[1] *La Navigation aérienne*, 1 vol. in-8°. — Tours, Alfred Mame et fils.

Durant la bataille de Fleurus, qui fut gagnée par Jourdan, Coutelle resta pendant neuf heures en observation, et put suivre et noter tous les mouvements de l'ennemi; il contribua, de l'aveu du général en chef, au triomphe de l'armée française. Bonaparte, devenu premier consul, licencia la compagnie de Coutelle, et fit fermer l'*école aérosta-tique* qui avait été établie à Meudon. Il était convaincu que, la con-struction et la manœuvre des aérostats n'étant plus un secret pour aucune nation de l'Europe, les ennemis pourraient aisément opposer des ballons aux nôtres, et qu'ainsi l'aérostation militaire ne serait plus, dans la stratégie, qu'une complication inutile dont il ne résulte-rait pour nos armées aucun avantage.

L'emploi des aérostats à la guerre était abandonné en France, sinon d'une manière définitive, au moins pour bien des années. Cependant Carnot, qui commandait Anvers assiégé, en 1815, eut encore recours à ce moyen pour reconnaître les positions de l'ennemi. En Amérique, pendant la guerre de sécession des États-Unis, l'armée du Nord tira un très heureux parti de l'emploi des ballons captifs, combinés avec celui du télégraphe électrique, pour les reconnaissances militaires. C'était l'idée française de 1793, reprise et perfectionnée. Enfin les événements de la guerre désastreuse soutenue en 1870 et 1871 par la France contre l'Allemagne, ont ajouté à l'histoire de l'aérostation une page à la fois triste et glorieuse. Le rôle des ballons, durant cette lamentable période, a été à la fois militaire, politique et social, — j'allais dire moral. — C'est surtout, en effet, comme moyen de transport et de communication entre la capitale assiégée et les dépar-tements, entre le gouvernement de Paris et sa délégation, établie d'abord à Tours, puis à Bordeaux, que les aérostats ont été utilisés. Cette poste aérienne, heureusement combinée avec l'emploi des pigeons voyageurs et avec la merveilleuse application de la photographie à la reproduction microscopique des dépêches, a été pour le monde entier un sujet d'admiration, pour nos ennemis une cause de dépit et une humiliation au milieu de leurs faciles triomphes. Des soixante-quatre aérostats qui partirent de la ville assiégée, le plus grand nombre purent atterrir, avec leurs passagers, leurs chargements de dépêches et leurs pigeons, sur des points du territoire que l'invasion avait épargnés. Quelques-uns eurent la malchance de tomber dans les lignes prussiennes. Le ballon *l'Égalité* alla descendre à Louvain; un autre fut porté jusqu'en Norwège. Deux enfin, montés chacun par un seul homme, se perdirent en pleine mer, sans qu'on ait jamais pu savoir où et comment ils avaient péri.

Il est certain que l'aérostation demeurera un art banal et à peu près stérile, jusqu'au jour où elle se transformera en *aéronautique*, c'est-

à-dire jusqu'au jour où l'on saura, non plus seulement demeurer
dans les airs et flotter au gré de tous les vents, mais naviguer réellement, se diriger et marcher sans le secours et même en dépit du
vent. Or Dieu sait combien de tentatives infructueuses ont été faites
dans ce but; combien de projets insensés et de théories bizarres se
sont produits; combien de mémoires, de brochures, de livres ont été
écrits et imprimés, sans autre résultat que de faire regarder longtemps par tous les esprits éclairés et sérieux la navigation aérienne,
dans l'état actuel de la science, comme une chimère. En serait-il de
cette chimère comme de l'aérostation elle-même? Se trouverait-elle
un beau jour réalisée par quelque utopiste qui l'aurait poursuivie
sans se soucier ni des arrêts de la science ni de l'insuccès de ses
devanciers? On ne songeait même guère plus à se le demander. On
rencontrait bien encore çà et là, vers le milieu de ce siècle, quelques
ingénieurs déclassés s'amusant à construire des poissons volants qu'ils
dirigeaient avec facilité à huis clos, à l'abri des courants d'air, et
qu'ils montraient pour cinquante centimes; mais on y faisait peu
d'attention.

C'est seulement après la guerre de 1870-1871 que des recherches
ont été reprises et méthodiquement poursuivies en France, en Angleterre et en Allemagne, sous les auspices des gouvernements, et
spécialement de l'administration militaire de ces trois pays, en vue
du parti qu'on pourrait un jour tirer des aérostats à la guerre, si
l'on parvenait, sinon à les diriger à son gré comme de vrais navires
aériens, au moins à les rendre un peu plus maniables et dociles
qu'ils ne l'ont été depuis leur origine. Dès le lendemain de la paix de
Francfort, en 1871, le gouvernement britannique instituait à Wool-
wich un comité militaire chargé d'exécuter des ascensions et de
travailler au perfectionnement théorique et pratique de l'aérostation.
L'état-major allemand, de son côté, étudie activement la question des
ballons. Bien que les savants d'outre-Rhin n'aient encore rien trouvé
qui ne soit bien connu en France et ailleurs, il est curieux de constater les conclusions auxquelles est arrivée la commission militaire
de Berlin. Elle conseillait, en 1875, de diriger les recherches vers la
détermination pratique des dimensions à donner à l'hélice motrice
pour imprimer un mouvement de translation rapide à un aérostat
d'un volume déterminé. Elle considérait, en outre, comme à la veille
d'être résolu le problème qui consiste à faire monter et descendre
l'aérostat sans perte de lest ni de gaz, ce qui permettrait aux aéronautes de se placer à volonté dans le courant dont la direction se
rapprocherait le plus de celle qu'ils se proposeraient de suivre. Cette
dernière visée est, à vrai dire, celle qui me semble la plus raison-

nable, bien qu'une longue expérience ait déjà montré les très grandes difficultés que rencontre, même réduit à ces modestes proportions, le problème de la navigation aérienne. C'est bien autre chose lorsqu'il s'agit de navigation proprement dite, j'entends de propulsion horizontale. On se heurte ici, non plus contre des difficultés, mais contre des impossibilités. Il faut croire pourtant que la race française est bien cet *audax Iapeti genus* dont parle Horace, et qui ne doute ni ne s'effraye de rien; car nous ne chômons jamais bien longtemps d'expérimentateurs intrépides, de chercheurs entêtés qui s'obstinent à la solution des problèmes réputés insolubles. C'est ainsi qu'au milieu de ce siècle, un savant et habile ingénieur, qui s'est fait connaître d'ailleurs par de remarquables travaux de mécanique, M. Henri Giffard, sans se laisser décourager par les insuccès de ses nombreux devanciers, entreprit à son tour de réaliser l'utopie du ballon dirigeable; et, chose inattendue, à force de combinaisons ingénieuses, il y réussit... presque!

Il construisit et essaya, en 1852, un premier ballon, de forme allongée, cubant 2,500 mètres, muni d'une voile-gouvernail, auquel était adaptée une machine à vapeur de la force de trois chevaux. Cette machine, disposée avec un art merveilleux pour éviter toute chance d'incendie, et réduite aux moindres dimensions et au moindre poids possibles, imprimait à une hélice de 3 mètres 40 de diamètre une rotation d'environ cent dix tours par minute. Aucun détail n'était négligé; rien n'était laissé au hasard, et M. Giffard savait d'avance au juste de quelle force ascensionnelle il pourrait disposer, quelle vitesse il obtiendrait en air calme, dans quelles limites il pourrait lutter contre un courant contraire, ou s'écarter de la direction que le vent donnerait à son navire. Ce fut donc sans inquiétude, comme sans illusion sur le résultat de l'expérience, qu'il s'éleva, le 24 septembre 1852, à cinq heures du soir, de l'Hippodrome de Paris. S'élever, c'était déjà plus que n'avait fait avant lui aucun inventeur de ballon prétendu dirigeable. Il faisait assez grand vent. M. Giffard ne songea point à soutenir contre cette force de la nature une lutte qu'il savait trop inégale. Il se contenta d'exécuter quelques manœuvres de mouvement circulaire et de déviation latérale, en se maintenant à une hauteur de 1,500 à 1,800 mètres, jusqu'à ce que, la nuit approchant, il éteignit le feu de sa machine, lâcha sa vapeur et effectua tranquillement sa descente dans la commune d'Emcourt, près de Trappe (Seine-et-Oise). Cette première expérience fournit à M. Giffard des données d'après lesquelles il construisit, trois ans plus tard, un nouveau navire aérien, encore plus parfait que le précédent, et avec lequel il put, dit M. G. Tissandier, « tenir tête au vent pendant

quelques instants. » — Tenir tête au vent pendant quelques instants :
voilà donc le résultat suprême de la direction des ballons ! — Cela se
passait en 1855. Depuis, pendant et après le siège, un ingénieur de
la marine, M. Dupuy de Lôme, a voulu, lui aussi, mettre au jour son
ballon dirigeable. Il n'a produit, à grands frais et à grand bruit, qu'un
mauvais pastiche de l'aérostat Giffard. Là où M. Dupuy de Lôme s'est
écarté des dispositions imaginées par M. Giffard, — dont il s'est gardé
de jamais prononcer le nom, — il n'a fait que retourner à des procédés qui caractérisent l'enfance de l'art aéronautique, comme, par
exemple, en remplaçant la machine à vapeur par une escouade de
matelots tournant à force de bras l'arbre de l'hélice. L'appareil de
M. Dupuy de Lôme fut essayé, le 2 février 1872, à Vincennes. Les
résultats de cet essai furent tels, qu'on jugea inutile de le renouveler.
La fantaisie de M. Dupuy a coûté à l'État une cinquantaine de mille
francs. J'ai oublié de dire que M. Giffard avait fait tous les frais de
ses belles expériences, les seules, il faut le dire hautement, qui, dans
la longue série des tentatives faites pour transformer les aérostats en
navires aériens, se présentent avec un caractère vraiment original et
scientifique. Est-ce à dire que, comme l'ont déclaré quelques personnes, M. Giffard ait résolu *en principe* le problème de la navigation
aérienne, qu'il ne reste, pour arriver à la solution *de fait,* qu'à réaliser des perfectionnements de mécanisme et de construction, et qu'on
n'ait plus qu'à marcher devant soi dans une voie désormais ouverte
et frayée ? Nous ne le pensons pas. Nous sommes convaincu, au contraire, que les travaux de M. Henri Giffard marquent la limite extrême
où cette voie pouvait conduire, et que le mérite de cet éminent ingénieur est d'avoir fait, pour la direction des ballons, tout ce qu'il est
possible de faire dans l'état actuel de nos connaissances et de nos
moyens d'action. Grâce à lui, le problème, tel qu'il avait été posé à
l'origine de l'aérostation, est désormais résolu, et résolu négativement.
Considéré d'une manière plus générale, il subsiste dans son intégrité.
Nous pouvons seulement aujourd'hui, en procédant par élimination,
déterminer avec assez de certitude : d'une part, les solutions qui doivent
être définitivement écartées ; d'autre part, celle qui, si elle n'est pas
possible encore, pourra du moins le devenir.

Les divers systèmes proposés peuvent se réduire à deux principaux.
Le premier, sans prétendre diriger réellement les ballons, veut simplement mettre à profit les courants qui règnent aux diverses hauteurs
de l'atmosphère, et dont quelques-uns ont une direction régulière et
une durée plus ou moins longue. Ce système est, comme on le voit,
exempt d'ambition ; il se soumet de bonne grâce au despotisme des
vents ; il se résigne à attendre leur bon plaisir, à n'aller à l'orient

que lorsque la brise souffle de l'ouest, au sud que quand elle souffle du nord. Ce n'est pas là une solution, c'est un aveu d'impuissance, bien que des aéronautes habiles et exercés puissent tirer un parti des plus avantageux des grands courants aériens.

Dans le second système, on se préoccupe surtout de trouver la forme qu'il conviendrait de donner au ballon, les agrès et le mécanisme dont il faudrait le pourvoir pour en faire un véhicule plus commode et plus rapide que la locomotive et le bateau à vapeur. Car remarquons bien que l'aéronautique ne sera qu'une chose de fantaisie, un tour de force stérile, tant qu'elle ne réalisera pas un progrès sensible sur nos moyens actuels de transport.

Or le ballon, quelle que soit sa forme, n'est autre chose qu'une bulle de gaz tenue en suspension dans l'air, devenue partie intégrante de ce fluide, impliquée dans toutes ses fluctuations, et incapable, par conséquent, d'acquérir un mouvement indépendant. En effet, pour qu'un corps puisse se mouvoir dans un milieu, la première condition, c'est qu'il possède une plus grande *masse,* où le mouvement produit puisse s'accumuler de façon à fournir toujours une force capable de vaincre la résistance de ce milieu; et cette plus grande masse suppose nécessairement une plus grande densité. Ainsi sont faits les oiseaux, plus lourds que l'air, comme chacun sait, et aux pattes desquels la nature s'est bien gardée d'attacher, sous prétexte de les soutenir, de petits ballons qui leur eussent rendu le vol impossible. Aussi faut-il admirer la naïveté des inventeurs qui se sont imaginés qu'ils *fendraient* l'air avec des ballons pisciformes, conoïdes, ovoïdes. Loin de pouvoir jamais aider à la locomotion aérienne, le ballon, quelque forme qu'on lui donne, ne saurait être qu'un impédiment, une sorte de boulet dont l'inertie paralysera toujours la marche de l'appareil qu'on y aura adapté; et de deux choses l'une : ou cet appareil aura assez de force pour vaincre la résistance de l'air, et dans ce cas la même force lui servira également à se maintenir; ou il ne pourra se soutenir seul, et alors la force motrice sera d'autant moins capable de triompher de la résistance atmosphérique que cette résistance trouvera un puissant auxiliaire dans le ballon, qui portera, il est vrai, la machine, mais qu'en revanche la machine devra traîner.

Donc, pour arriver à une solution rationnelle du problème, la première chose à faire, c'est de renoncer au ballon, par la raison même que le ballon augmente le volume total de l'appareil en le rendant spécifiquement plus léger que l'air, tandis que, je le répète, un corps doit toujours être plus dense que le milieu *dans* lequel il se meut. Je souligne *dans,* afin qu'on ne m'objecte pas les navires : les navires, en effet, se meuvent *sur* l'eau, et non pas *dans* l'eau ; et d'ailleurs ils ne demandent point aux courants l'impulsion nécessaire pour lutter contre ces mêmes courants ; ce qui, soit dit en passant, est l'erreur fondamentale de tous les ballons à voiles.

Et maintenant, si l'on me demande comment je conçois qu'on puisse parvenir à naviguer dans l'air, je montre un oiseau et je réponds : Imitez cela ; construisez un navire dont la densité spécifique soit avec celle de l'air dans le même rapport que celle du corps de cet oiseau. Donnez-lui une forme analogue, et surtout trouvez un moteur capable de remplacer la force musculaire de l'animal, et de produire un mouvement d'une énergie et d'une rapidité suffisantes, sans nuire à la légèreté de l'appareil.

M. Nadar et les partisans de l'*aviation*, quoique peu versés dans la physique et dans la mécanique, ont parfaitement compris, il faut le reconnaître, la nécessité d'abandonner le ballon et de construire un oiseau artificiel. Ils veulent donner à cet oiseau, au lieu d'ailes frappant l'air. obliquement ou verticalement, des ailes tournantes et de forme hélicoïde. Soit ; mais cela n'est que secondaire. L'hélice est un *organe propulseur*, et non pas un *moteur*. Comme tous ses devanciers, M. Nadar néglige le point fondamental, la production du mouvement. Sa « chère hélice », pour soutenir et faire avancer le navire, aura besoin d'opposer à l'air une surface très étendue, d'offrir une résistance considérable et de tourner avec une extrême rapidité. Or elle ne tournera pas toute seule. Le mouvement ne peut lui être donné que par une machine puissante. Quelle sera cette machine ? Là est le nœud du problème, et c'est ce nœud que MM. Nadar et de la Landélle n'ont ni délié ni tranché.

Ce qui nous manque pour naviguer dans l'air, c'est précisément une force motrice à la fois douée d'une immense énergie, et n'exigeant qu'un appareil générateur de petite dimension et d'une grande légèreté.

Voilà l'*inconnu*, l'*x* faute duquel tous les projets de direction aéronautique échoueront misérablement.

CHAPITRE VII

LA LUMIÈRE ET LA CHALEUR

Nous avons étudié, dans les chapitres précédents, les phénomènes atmosphériques qui se rapportent directement à la pesanteur ou gravité, considérée comme une force universelle attirant les uns vers les autres tous les corps en raison directe de leurs masses, et en raison inverse du carré des distances. Ce sont là des phénomènes purement statiques et mécaniques, dépendant des conditions d'équilibre de l'air lui-même ou des corps qui y sont plongés. Mais l'air est le siège, ou, pour nous servir de l'expression adoptée par les physiciens, le *milieu* de phénomènes très variés et très complexes, qui jouent, par rapport aux êtres vivants, un rôle tellement important, qu'on peut les considérer comme les conditions mêmes de la vie, telle au moins que nous la pouvons observer et concevoir. Peut-on, en effet, se représenter une plante, un animal, un homme vivant sans chaleur et sans lumière? Non sans doute. Eh bien! l'air est le réceptacle de ces deux principes essentiels de la vie : c'est lui qui les recueille, les retient et les distribue à la surface du globe terrestre.

Et d'abord, il possède, par rapport à la lumière, des propriétés remarquables, et nous pouvons bien ajouter précieuses ; car sans elles la terre serait un morne et lugubre séjour.

« L'air, malgré sa transparence, dit Biot, intercepte sensiblement la lumière, et la réfléchit comme tous les autres corps. Mais les particules qui le composent étant extrêmement petites et très écartées les unes des autres, on ne peut les apercevoir que lorsqu'elles sont réunies en assez grandes masses. Alors la multitude des rayons lumineux qu'elles nous envoient produit sur nos yeux une impression sensible, et nous voyons que leur couleur est bleue. En effet, l'air donne une teinte bleuâtre aux objets entre lesquels il s'interpose. Cette teinte colore très sensiblement les montagnes éloignées, et elle est d'autant plus forte qu'elles sont plus distantes de nous... C'est encore la couleur propre de l'air qui forme l'azur céleste, cette voûte bleue qui paraît nous environner de toutes parts, que le vulgaire appelle le ciel, à laquelle tous les astres paraissent attachés. A mesure qu'on s'élève dans l'atmosphère, cette couleur devient moins brillante. La clarté qu'elle répand diminue avec la densité de l'air qui la réfléchit, et sur le sommet d'une haute montagne, ou dans un aérostat fort élevé, le ciel paraît d'un bleu presque noir.

« L'air n'est pas lumineux par lui-même, car il ne nous éclaire point pendant l'obscurité. La lumière qu'il nous envoie lui vient du soleil et des astres. Sa couleur prouve qu'il réfléchit les rayons bleus en plus grande quantité que les autres; car on sait par expérience que la lumière est composée de rayons différents qui produisent sur nos yeux la sensation de diverses couleurs, et ce qu'on nomme la couleur d'un corps n'est que celle des rayons qu'il nous réfléchit. L'air est donc autour de la terre comme une sorte de voile brillant, qui multiplie et propage la lumière du soleil par une infinité de répercussions. C'est par lui que nous avons le jour lorsque le soleil ne paraît pas encore sur l'horizon. Après le lever de cet astre, il n'y a pas de lieu si retiré, pourvu que l'air puisse s'y introduire, qui n'en reçoive la lumière, quoique les rayons du soleil n'y arrivent pas directement. Si l'atmosphère n'existait pas, chaque point de la surface terrestre ne recevrait de lumière que celle qui lui viendrait directement du soleil. Quand on cesserait de regarder cet astre ou les objets éclairés par ses rayons, on se trouverait aussitôt dans les ténèbres. Les rayons solaires, réfléchis par la terre, iraient se perdre dans l'espace, et l'on éprouverait toujours un froid excessif. Le soleil, quoique très près de l'horizon, brillerait de toute sa lumière; et immédiatement après son coucher, nous serions plongés dans une obscurité absolue. Le matin, lorsque cet astre reparaîtrait sur l'horizon, le jour succéderait à la nuit avec la même rapidité.

« On peut juger de ces conséquences par ce que l'on éprouve déjà sur les hautes montagnes, où cependant la densité de l'air n'est pas même réduite à la moitié de ce qu'elle est à la surface du sol. Non seulement la température moyenne annuelle y est déjà très froide, mais à peine y reçoit-on d'autre lumière que celle qui vient directement du soleil et des astres. La clarté que l'air raréfié réfléchit est si faible que, lorsqu'on est placé à l'ombre, on voit, dit-on, les étoiles en plein jour. »

L'effet étrange de l'absence d'atmosphère serait bien plus complet et bien plus saisissant, s'il nous était donné de nous transporter sur notre satellite. Essayons d'y suppléer par l'imagination et par l'art, et comparons le riant spectacle que nous offre la terre, en partie couverte de son manteau humide et ondoyant, sillonnée de fleuves, parée d'une riche végétation, peuplée d'une multitude d'animaux, embellie et animée encore par l'industrie de l'homme, enveloppée enfin de ce brillant voile d'azur brodé de nuages argentés; comparons, dis-je, ce spectacle à l'aspect morne de la lune, avec son sol de pierre ou de métal déchiré, crevassé, perforé même, dit-on, en certains endroits ; avec ses volcans éteints et ses pics semblables à de gigantesques tombeaux ; avec son ciel noir dont aucune vapeur ne voile la sombre profondeur, et sur lequel apparaissent, comme des myriades de taches lumineuses, des étoiles qui ne scintillent point. Là les jours ne sont en quelque sorte que des nuits éclairées par un soleil sans rayons. Point d'aurore le matin, point de crépuscule le soir. Les nuits sont absolument noires, hormis lorsque la terre renvoie à son satellite cette lumière grisâtre que les astronomes appellent *lumière cendrée*. Le jour, les rayons solaires viennent se briser, se couper aux arêtes tranchantes, aux pointes aiguës des rochers, ou s'arrêter court aux bords abrupts des abîmes, dessinant çà et là de bizarres figures noires aux contours anguleux et tranchés, et ne frappant les surfaces exposées à leur action que pour se réfléchir et se perdre aussitôt dans l'espace. L'humidité, et avec elle la végétation et la vie animale, sont absentes. S'il existait de l'eau à la surface de la lune, elle y serait à l'état de glace aussi dure que la pierre ; le mercure même y serait solide ; car la température de cet astre privé de vie est celle des espaces planétaires, qui a été diversement évaluée par les physiciens, mais qui n'est pas, assurément, supérieure à 60 ou 70 degrés au-dessous de zéro.

Telle serait aussi la température de notre globe, s'il était dépourvu d'atmosphère. Il est remarquable, en effet, que l'air se comporte relativement à la chaleur de la même manière que relativement à la lumière. Il est diathermane ou perméable à la chaleur, en même temps qu'il est transparent ou perméable à la lumière ; mais il ne laisse pas de retenir et de réfléchir en tous sens une partie de la chaleur et de la lumière que le soleil envoie à la terre, et qu'il sert de cette façon à emmagasiner, pour ainsi dire, à notre profit, en quantité d'autant plus grande qu'il est plus près de la surface du sol. C'est donc à la présence de notre atmosphère que nous devons la diffusion et la conservation autour de nous de la lumière et de la chaleur solaires. Plus l'atmosphère est dense, plus elle est susceptible de s'éclairer et de s'échauffer. Mais il résulte de récentes recherches faites par un physicien anglais, M. John Tyndall, que la plus grande densité de l'air dans ses couches les plus rapprochées du sol n'est pas la seule cause de l'accroissement de son pouvoir absorbant par rapport à la chaleur. Cet accroissement est dû surtout à la présence d'une plus forte proportion de vapeur d'eau.

« La vapeur d'eau de l'air, dit MM. Laugel et Grandeau dans une excellente notice sur les travaux de M. Tyndall, absorbe une quantité de chaleur beaucoup plus considérable que tous les autres gaz. L'oxygène et l'azote n'arrêtent pas beaucoup plus de chaleur que ne ferait

Jour terrestre.

le vide absolu; mais la vapeur d'eau offre une grande résistance au passage du calorique. De même qu'une digue a pour effet d'augmenter localement la profondeur d'un cours d'eau, ainsi notre atmosphère, agissant comme une digue sur les rayons de chaleur émanés de la terre, produit une élévation locale de température autour de la surface terrestre. La chaleur n'y est point accumulée indéfiniment, pas plus que l'eau ne reste toujours derrière une digue; elle se dissipe, mais elle est sans cesse remplacée. Si l'atmosphère était subitement dépouillée de vapeur d'eau, les gaz qui la renferment laissant échapper trop rapidement la chaleur terrestre, nous verrions bientôt la surface du globe descendre à des températures voisines de celle du vide céleste; toute vie organique y serait arrêtée, et les eaux des mers se congèleraient partout, même sous la zone aujourd'hui dite torride. Pour apprécier de la manière la plus sûre la température des espaces interplanétaires, il faudrait pouvoir s'élever jusqu'à une couche atmosphérique qui ne contiendrait plus de trace de vapeur d'eau [1]. »

L'éloignement de la terre est aussi une cause de refroidissement de l'air. En raison même de sa diathermanéité, ce mélange gazeux n'est pas échauffé directement par les rayons solaires, mais indirectement par la réverbération du sol, c'est-à-dire par un second rayonnement qui s'épuise en peu de temps, comme le prouve l'abaissement de la température pendant la nuit. Ces considérations font aisément concevoir les causes du froid excessif qui règne dans les hautes régions de l'air, et de la perpétuité des glaces sur les cimes des grandes montagnes, alors même que ces montagnes sont situées dans des pays dont le climat est le plus brûlant; mais il est très difficile de déterminer exactement le rapport entre la décroissance de la température et l'altitude des lieux ou des couches atmosphériques. La saison, le climat, le vent régnant, l'heure de la journée et principalement l'état hygrométrique de l'air tendent à modifier notablement ce rapport. Toutefois on l'évalue approximativement, en moyenne, à 1 degré pour 187 mètres d'élévation dans la zone torride, et 1 degré pour 150 mètres dans la zone tempérée. Dans les régions polaires, selon MM. Becquerel, le décroissement ne se fait sentir qu'à une certaine hauteur, qui n'a pas encore été déterminée. En effet, à Ingloolich, par 69°21' de latitude boréale, le capitaine Parry a enlevé un cerf-volant à 130 mètres de hauteur, avec un thermomètre à minima. La température de l'air à cette hauteur était de 31 degrés au-dessous de zéro, comme sur les glaces de la mer [2].

---

[1] *Revue des sciences et de l'industrie pour la France et l'étranger*, 2e année. — Paris, 1863.

[2] *Éléments de physique du globe*, chap. I, § 5.

Jour lunaire.

Humboldt a trouvé 1 degré d'abaissement pour 181 mètres sur le Chimboraço. De Saussure avait trouvé 1 degré pour 144 mètres sur le mont Blanc. Le physicien Charles, dans son ascension en ballon à gaz hydrogène, en 1785, éprouva une température de — 7 degrés Réaumur à 3,000 mètres environ. Gay-Lussac, dans le célèbre voyage aérien qu'il exécuta le 16 septembre 1804, trouva, à une hauteur de 7,000 mètres, un froid de près de 10 degrés au-dessous de glace. Dans la cour de l'observatoire de Paris, d'où il était parti, le thermomètre marquait plus de 28 degrés au-dessus de 0. L'écart était donc de 38 degrés ; ce qui donnerait 1 degré pour 190 mètres environ. Mais, comme le fait observer Biot, le décroissement n'avait pas été uniformément réparti dans l'intervalle parcouru par le savant observateur. Il s'était accéléré à mesure que la hauteur augmentait. Dans la couche d'air immédiatement inférieure à celle où le ballon cessa de monter, une diminution de 1 degré centésimal de la température répondait à une différence de niveau de 196 mètres. A la hauteur de 6,952 mètres, le même abaissement n'exigeait plus que 156 mètres, etc. [1].

MM. Barral et Bixio, dans leur première ascension aérostatique, le 29 juin 1850, trouvèrent 7 degrés centigrades seulement à 5,983 mètres ; mais dans une seconde ascension, le 26 juillet suivant, s'étant élevés, comme Gay-Lussac, à plus de 7,000 mètres, ils eurent à endurer dans cette région la température extrêmement basse de — 39 degrés. « On s'attendait si peu à cet abaissement de température, dit L. Foucault, que les instruments étaient impropres à l'accuser, leur graduation n'étant pas prolongée assez bas ; presque toutes les colonnes étaient rentrées dans les cuvettes, et par 2 degrés de moins encore le mercure se congelait en brisant tous les tubes. Il importe de remarquer que ce froid s'est fait sentir très brusquement, et que c'est à partir seulement des 600 derniers mètres que la loi de température s'est troublée brusquement, pour plonger les observateurs dans les frimas que probablement le nuage transportait avec lui [2]. » Ce nuage était une masse énorme d'au moins 5,000 mètres d'épaisseur, presque entièrement formé de petites aiguilles de glace, et au sein duquel un mouvement ascensionnel, provoqué par le jet de presque tout leur lest, avait subitement porté les deux aéronautes.

MM. Welsh et Glaisher, dans les ascensions hardies qu'ils ont exécutées, de 1852 à 1862, pour étudier la constitution physique de l'atmosphère, ont reconnu que, si le décroissement de la température n'est pas uniforme, ses inégalités paraissent du moins assujetties à certaines

<hr>

[1] *Astronomie physique*, t. I, chap. vi.
[2] *Journal des Débats* du 27 juillet 1850.

lois à peu près constantes. Ainsi, d'après M. Welsh, la température décroît uniformément jusqu'à une certaine élévation, qui varie suivant les jours; puis le décroissement éprouve une sorte d'arrêt dans une couche de 600 à 900 mètres, dont la température est sensiblement égale sur toute son épaisseur, ou même s'élève d'abord un peu pour redescendre ensuite graduellement, mais moins vite que dans les régions inférieures de l'atmosphère.

On se rappelle que M. Glaisher a fait, pendant les années 1861 et 1862, huit ascensions, et qu'il est parvenu plusieurs fois jusqu'à une hauteur de 8,300 mètres; ce qui donne à ses observations, je le dis sans jeu de mots, une très grande portée. Voici quels sont, en substance, les résultats obtenus par cet audacieux explorateur de l'atmosphère; on remarquera qu'ils s'accordent parfaitement avec ceux qu'a obtenus M. Tyndall dans les expériences dont il a été parlé ci-dessus.

« Quand on s'élève en ballon vers un ciel nuageux, la température s'abaisse d'ordinaire jusqu'à ce qu'on arrive aux nuages; quand on les a dépassés, on observe toujours une élévation de quelques degrés; puis la température va de nouveau en s'abaissant. Quand on s'élève par un ciel clair, la température initiale est, toutes choses égales d'ailleurs, plus élevée que dans le cas précédent, et la différence est mesurée à peu près par l'élévation qu'on observe en sortant des nuages. Jamais la diminution de chaleur n'est absolument régulière; on trouve presque toujours dans l'atmosphère des couches d'air chaud, et parfois on en rencontre jusqu'à quatre ou cinq successivement. Les couches chaudes se montrent jusqu'à une hauteur de 5 à 6 kilomètres. Elles ont de 300 à 3,000 mètres d'épaisseur, et leur excès de température varie de 1 à 10 degrés centigrades. On voit donc que jusqu'au-dessus de la zone des nuages, la succession des températures est très variable, et nullement conforme à la loi longtemps admise, qui impliquait une diminution de 1 degré environ par 200 mètres. Supposons maintenant le ciel sans nuages : jusqu'à une hauteur de 350 mètres, la diminution est d'environ 1 degré pour 90 mètres; au delà elle devient plus petite, et à la hauteur de 4,500 mètres elle n'est plus que de 1 degré pour 200 mètres; enfin, plus haut encore, il faut traverser plus de 200 mètres pour que la température s'abaisse de 1 degré. »

CHAPITRE VIII

L'ÉLECTRICITÉ ET LE MAGNÉTISME

Nous verrons bientôt quelle action souveraine la chaleur exerce sur les mouvements de l'atmosphère, sur la formation des nuages et leur résolution en pluie ou en neige, en un mot, sur tous les phénomènes météorologiques dont l'ensemble constitue ce qu'on appelle communément le beau et le mauvais temps. Deux autres agents physiques, l'*électricité* et le *magnétisme*, ont aussi, dans la production de plusieurs de ces phénomènes, une part considérable. L'électricité et le magnétisme sont, comme la chaleur et la lumière, des causes dont la nature intime échappe à nos recherches, et ne comporte que des définitions conjecturales. On ne les connaît réellement que par leurs effets. Il en est de même, au surplus, de la pesanteur, et en général de toutes les forces physiques, chimiques et physiologiques. Mais, pour se rendre compte des phénomènes, pour distinguer les uns des autres et en déterminer les caractères, on a recours à un artifice qui est connu dans la science sous le nom d'hypothèse ou de théorie. Faute de connaître en son essence la cause d'un certain ensemble de phénomènes, on la suppose. Quand on dit, par exemple, que la pesanteur est la force en vertu de laquelle les corps pesants sont attirés vers le centre de la terre en raison directe de leur masse et en raison inverse du carré des distances, cela ne signifie point que cette force existe réellement, — on l'ignore, et l'on ne sait même pas ce que c'est qu'une force ; — mais cela veut dire simplement que les choses se passent comme si cette force existait.

Ainsi entendue, une hypothèse est bonne tant qu'elle suffit à l'explication et à la démonstration d'un ordre donné de phénomènes. Le jour où l'on constate des phénomènes nouveaux qu'il est impossible de rapporter logiquement à la cause jusqu'alors admise, celle-ci est abandonnée, et l'hypothèse ancienne fait place à une hypothèse nouvelle qui pourra un jour, elle aussi, être remplacée par une autre. C'est ainsi qu'en physique l'hypothèse des *ondulations* s'est substituée depuis quelques années à celle de l'*émission*, qui ne se prêtait plus d'une manière satisfaisante à l'explication des phénomènes de chaleur et de lumière.

Dans la théorie de l'émission, le calorique, la lumière, l'électricité et le magnétisme étaient considérés comme des agents pouvant avoir entre eux certains rapports, certaines analogies, mais qu'on ne songeait point à ramener à un principe unique. On ne doutait point, bien entendu, qu'ils ne fussent matériels. Seulement, comme ils franchissent avec une prodigieuse rapidité des espaces immenses ; comme ils se propagent soit à travers le vide (on croyait encore au vide alors), soit à travers des corps très denses et très volumineux ; comme d'ailleurs il était de toute impossibilité de les saisir et de les peser, on pensait que ce devaient être des substances d'une fluidité et d'une subtilité prodigieuses, et on leur donnait, pour ce motif, le nom de *fluides impondérables*. Les prudents préféraient les appeler *impondérés ;* car, disaient-ils, si nous ne savons pas maintenant en déterminer le poids, rien ne prouve que nous ne le saurons pas quelque jour.

On admettait, d'ailleurs, que ces fluides étaient susceptibles de s'unir en plus ou moins grande quantité avec les corps matériels, et de s'en séparer pour passer à d'autres ou pour se perdre dans l'espace. Dans le premier cas, on disait qu'ils se trouvaient à l'état latent ou caché ; dans le second cas, que les corps chauds émettaient du calorique ; les corps lumineux, de la lumière ; les corps électrisés, de l'électricité. De là le nom de théorie de l'*émission,* sous lequel on désigne cette hypothèse, laquelle était liée à celle du vide, telle que Galilée et Pascal l'avaient établie.

Cette solidarité se conçoit aisément ; car si l'espace est vide, la lumière et la chaleur que les planètes et les satellites reçoivent de leurs soleils ne peuvent être que des fluides traversant cet espace pour aller d'un monde à l'autre. Quant aux interstices qui séparent les molécules et les atomes dont se composent les corps, on ne pouvait dire qu'ils fussent vides, bien qu'on les supposât perméables au calorique, à la lumière, à l'électricité, au magnétisme. Et notamment les dilatations, les contractions, les changements d'état des corps sous l'influence de l'échauffement et du refroidissement ne s'expliquaient que par l'interposition d'un fluide, qui écartait leurs molécules lorsqu'il y pénétrait en grande quantité, et les laissait se rapprocher lorsqu'il s'échappait au dehors. Aussi la pluralité de ces fluides, qui pouvaient tous se rencontrer ensemble dans une même substance, ne laissait-elle pas d'être un peu embarrassante.

Toutefois la théorie de l'émission a rendu à la science d'inappréciables services ; elle a surtout, grâce à la facilité avec laquelle elle se prête aux démonstrations, puissamment contribué à faciliter l'enseignement et la vulgarisation de la physique : à telles enseignes qu'on est encore obligé de s'y tenir dans les cours élémentaires; car beaucoup d'enfants, et même des gens du monde, qui acceptent parfaitement l'intervention possible de trois ou quatre fluides, doués chacun de propriétés caractéristiques et distinctes, seraient arrêtés en maint endroit lorsqu'il leur faudrait appliquer à l'intelligence de certains phénomènes l'hypothèse très belle sans doute, mais un peu abstraite, des ondulations, qu'on préfère aujourd'hui à celle de l'émission.

La théorie des ondulations a pour point de départ la négation du vide. Elle suppose par conséquent l'immensité de l'espace, les inter mondes aussi bien que les interstices moléculaires des corps, entièrement remplis par un seul fluide d'une subtilité et d'une mobilité inconcevables, auquel elle restitue le nom d'*éther,* que lui avaient donné les philosophes de l'antiquité. Et de même que le son n'est autre chose que l'effet de l'ébranlement communiqué à l'air ou à tout autre milieu par les vibrations des corps sonores, et se propageant sous la forme d'ondes ou d'ondulations, de même aussi les phénomènes que nous appelons chaleur, lumière, électricité, magnétisme, ne seraient que des ondulations diversement amples et rapides imprimées à l'éther par des causes inconnues, et transmises par lui aux corps plus denses ou plus grossiers que nos sens nous permettent d'observer.

Dans cette hypothèse, tous les phénomènes physiques se trouvent ramenés à des modes variés d'un seul phénomène primordial, le mouvement. A la pluralité arbitraire des fluides impondérables se substitue semblablement l'unité du principe éthéré : que dis-je? peut-être de la matière elle-même. Car rien n'empêche d'admettre qu'une même substance élémentaire, répandue dans les espaces infinis, a pu, en se condensant plus ou moins, en groupant ses atomes de mille et mille manières, donner naissance aux gaz, aux liquides, aux solides qui, agglomérés en masses énormes, ont formé les mondes, mais que partout autour de ceux-ci elle est demeurée dans son état primitif de fluidité. On est conduit ainsi à rattacher aux mouvements de l'éther, non seulement les phénomènes physiques, mais encore les phénomènes astronomiques, les évolutions des corps célestes, à expliquer de cette façon ce que Newton a appelé la gravitation, et qu'il rapportait à une cause indéfinissable, l'*attraction*. Des faits d'une haute importance fournissent, il faut bien le dire, des arguments d'une grande valeur aux partisans des ondulations. Au premier rang se place le phénomène si curieux des *interférences,* observé d'abord en 1650 par le P. Grimaldi, et que Thomas Young et Fresnel ont mis dans tout son jour au commencement de ce siècle, mais seulement par rapport à la lumière. Il consiste en ce que, dans de certaines conditions, *de la lumière ajoutée à de la lumière produit de l'obscurité.* Cet effet singulier, tout à fait inexplicable dans le système de l'émission, devient, au contraire, facile à comprendre, si l'on admet que la lumière se propage au sein de l'éther par des ondulations analogues à celles qu'on voit à la surface d'un liquide. Il se passe alors dans les interférences des rayons, disons mieux, des ondulations lumineuses, quelque chose de semblable à ce qui arriverait si l'on jetait d'une même hauteur, dans une eau tranquille, deux pierres de même grosseur à peu de distance l'une de l'autre. Les ondes circulaires soulevées par cette double perturbation de l'équilibre des molécules liquides viendraient se rencontrer sur une certaine étendue; leurs mouvements s'ajouteraient en des points donnés et détermineraient une agitation plus grande du liquide; mais en d'autres points ils se neutraliseraient, et l'eau resterait sensiblement calme. En un mot, on conçoit que deux ondulations lumineuses puissent, en se rencontrant, produire les ténèbres, comme on conçoit que deux mouvements quelconques, égaux et contraires, produisent l'immobilité. Ce qui donne, du reste, à cette explication tous les caractères de l'évidence, c'est qu'une chose absolument semblable a lieu lorsque des ondulations sonores de même longueur se croisent de telle façon que la demi-onde condensante de l'une rencontre la demi-onde dilatante de l'autre. Les deux sons se détruisent alors réciproquement, et le silence se fait. Ainsi un seul coup d'archet sur une corde de violon, une note donnée par une flûte ou par une clarinette produisent toujours un son; mais il peut très bien arriver que deux coups d'archet sur les cordes similaires de deux violons, que la même note donnée à la fois sur deux flûtes ou sur deux clarinettes ne produisent que le silence, et cela par un effet d'interférence sonore.

Ce n'est pas tout : si la théorie des ondulations est vraie pour la lumière, elle doit l'être aussi pour la chaleur, et il doit se produire des interférences de rayons calorifiques comme il se produit des interférences de rayons lumineux. En effet, MM. Fizeau et Foucault ont démontré par l'expérience que des rayons calorifiques se rencontrant dans des conditions convenables s'entre-détruisent; qu'avec de la chaleur on peut faire du froid. Enfin il est aujourd'hui hors de doute que, comme le mouvement mécanique se transforme en chaleur, de même aussi la chaleur est susceptible de se transformer en mouvement mécanique; d'où il est logique de conclure que la chaleur et le mouvement mécanique ne sont, au fond, qu'une seule et même chose : ce que MM. Joule, Hirn et Tyndall ont confirmé, du reste, en déterminant, par le calcul et par l'expérience, l'*équivalent mécanique* de la chaleur.

Il resterait maintenant à étendre également le système du mouvement éthéré aux phénomènes électriques et magnétiques. Or rien assurément ne s'oppose à ce qu'on admette pour ces phénomènes une troisième et une quatrième espèce de mouvement se produisant au sein de l'éther. Il faut avouer cependant qu'en fait d'électricité et de magnétisme, l'hypothèse des fluides s'est si bien prêtée jusqu'ici à l'intelligence et à la démonstration des faits observés, sinon à leur explication philosophique, que les partisans les plus déterminés de la théorie des ondulations n'ont pas cru devoir insister sur son application à ce genre de phénomènes.

J'ouvre un traité de physique publié par deux savants professeurs de l'Université. J'y retrouve, aux chapitres *Électricité* et *Magnétisme,* les mêmes procédés de démonstration, les mêmes théories en usage dans les collèges il y a trente ans. J'y retrouve la distinction des deux électricités statique et dynamique, celle du fluide positif et du fluide négatif : — une étrange invention que celle-là; car je défie bien qu'on me dise ce que c'est qu'un fluide qui existe en plus et un fluide qui existe en moins, et comment de la combinaison de ces deux fluides en peut résulter un troisième, qui existe à la fois en plus et en moins, ou qui n'existe ni d'une façon ni de l'autre!... J'y retrouve les courants, les attractions, les répulsions, les pôles magnétiques, etc. De l'éther et des ondulations, pas un mot. Pourquoi? Parce que les auteurs, admettant la théorie des ondulations comme vraie pour la chaleur et la lumière, la regardent comme fausse pour l'électricité et le magnétisme? non sans doute; mais, je suppose, parce qu'ils ont pensé sagement que cette théorie, ainsi que toutes les théories générales, est à la science ce qu'un toit est à un édifice, et qu'on se hâte trop de vouloir donner ce couronnement à une science dont les matériaux sont encore insuffisants et mal assemblés. Il faut dire pourtant que les mots qu'on emploie ainsi dans la science ne sont souvent que de simples images indépendantes de toute notion précise sur la nature intime des choses; seulement il est évident que pour les élèves, pour le vulgaire, ces artifices de langage sont propres à fausser l'esprit et à donner des idées inexactes de ce qui est en réalité.

Quoi qu'il en soit, et sans nous attarder davantage dans ces considérations abstraites, examinons les propriétés de l'air dans ses rapports avec l'électricité et le magnétisme. Très perméable, comme on sait, à la lumière et à la chaleur, en d'autres termes, très transparent et très diathermane, mais très mauvais conducteur de la chaleur, qui ne se propage dans sa masse que par le déplacement des molécules, l'air paraît se comporter, à l'égard de l'électricité et du magnétisme, d'une façon particulière, mais sur laquelle on ne possède jusqu'ici que des données fort incomplètes. On peut dire, en thèse générale, qu'il conduit très mal l'électricité, et aussi qu'il s'électrise difficilement, et d'ordinaire faiblement. Les observateurs qui ont étudié la constitution électrique de l'atmosphère l'ont trouvée tantôt électro-positive, tantôt électro-négative lorsque le temps était nuageux, et toujours électro-positive lorsque le ciel était serein. La saison, la température, l'humidité ou la sécheresse sont autant de circonstances qui influent d'une manière très marquée sur son état électrique. En dehors de la relation directe qui existe entre les phénomènes électriques et les changements de température, on sait que l'évaporation des liquides, et en particulier de l'eau, est toujours accompagnée d'un dégagement d'électricité d'autant plus intense que l'évaporation est plus rapide et plus abondante. Aussi la plupart des physiciens pensent-ils que l'évaporation de l'eau à la surface de la terre est une des principales sources de l'électricité atmosphérique. Et comme la formation des vapeurs est d'autant plus active que la température est plus élevée, il s'ensuit que c'est pendant les fortes chaleurs qu'il s'accumule dans l'atmosphère le plus d'électricité.

Cette électricité ne tarde pas à être reprise par les nuages, qui, en se formant, commencent par être électrisés positivement ; ces premiers nuages agissent par influence sur ceux qui se forment ensuite, et qui, n'étant que faiblement électrisés, perdent le fluide positif qu'ils avaient emprunté à l'atmosphère, pour ne conserver que le fluide négatif. « Qu'un nuage faiblement électrisé, disent MM. Boutan et d'Almeida, se trouve au-dessous d'un nuage très fortement chargé, des phénomènes d'influence auront lieu : l'électricité positive du nuage le plus faible sera repoussée tout entière ; puis une décomposition du fluide neutre se fera, et sur le nuage le plus faible se développera du fluide négatif. Alors, que par une cause quelconque ce nuage ainsi influencé soit en communication avec le sol, que, par exemple, il touche le flanc d'une montagne, il perdra son électricité positive libre, et se trouvera chargé d'électricité négative. Voici une preuve de la vérité de cette théorie : quand par un jour serein on lance un jet d'eau à une grande hauteur dans l'atmosphère, les gouttes qui tombent sont chargées d'électricité négative ; on le constate en les recevant sur un électroscope[1]. »

L'air, n'étant point conducteur de l'électricité, oppose à la reconstitution du fluide neutre entre deux corps, — deux nuages, par exemple, diversement électrisés, — une résistance qui ne peut être vaincue que par une certaine tension existant de part et d'autre : tension qui doit

---

[1] *Cours élémentaire de physique*, liv. III, chap. IV. — 1 vol. in-8°. Paris, 1864.

être d'autant plus forte que la distance entre les deux corps est plus grande. Le rapport entre la densité de l'air et la résistance qu'il oppose au passage de la décharge électrique n'a pas été exactement déterminé ; mais plusieurs physiciens, et en dernier lieu M. de la Rive, ont établi que l'air, comme les autres gaz, atteint, à un certain degré de raréfaction, son maximum de conductibilité, et que cette conductibilité va ensuite de nouveau en diminuant jusqu'au vide absolu, à travers lequel la propagation n'a plus lieu.

La question de savoir si et dans quelles limites la force électrique diminue à mesure qu'on s'élève dans l'atmosphère est loin jusqu'à présent d'être décidée, bien qu'un grand nombre de savants aient tenté de la résoudre par l'observation.

Robertson et Lhoest, dans l'ascension aérostatique qu'ils firent à Hambourg, le 18 juillet 1803, crurent remarquer qu'à une hauteur où leur baromètre ne marquait plus que 12 pouces $\frac{4}{100}$, ce qui correspond à une altitude d'environ 4,300 mètres, les phénomènes d'électricité statique étaient sensiblement affaiblis, le verre, le soufre et la cire à cacheter ne s'électrisant presque plus par le frottement. Gay-Lussac et Biot, dont l'ascension, exécutée l'année suivante sous les auspices de la classe des sciences de l'Institut, avait pour objet de contrôler les observations recueillies par Robertson relativement à la diminution des forces électrique et magnétique dans les régions supérieures de l'air, trouvèrent, au contraire, une électricité résineuse (ou négative) « croissant avec les hauteurs ». « Résultat conforme, dit Biot, à ce que l'on avait conclu par la théorie, d'après les expériences de Volta et de Saussure. » Enfin M. Glaisher a constaté, dans une de ses ascensions, que l'air était chargé d'électricité positive, et que la quantité d'électricité diminuait, à mesure qu'on s'élevait, jusqu'à 7,000 mètres ; au delà de ce point elle était trop faible pour être observée. Ce dernier résultat, d'accord avec ceux que MM. Gassiot et de la Rive ont obtenus, donne raison à M. Robertson contre Biot et Gay-Lussac, et même contre Saussure et Volta, ce qui, du reste, ne doit point surprendre, si l'on songe combien la science de l'électricité était encore peu avancée au commencement de notre siècle.

Nous ne pouvons nous arrêter en ce moment aux phénomènes que produit l'électricité au sein de l'atmosphère. On sait qu'elle se manifeste par des effets qui peuvent parcourir presque le cercle entier des phénomènes naturels : physiques, mécaniques, chimiques, physiologiques. L'électricité est une source de lumière, de chaleur, de magnétisme ; elle est susceptible de produire des effets mécaniques très puissants ; elle paraît être l'agent spécial des compositions et des décompositions chimiques, des mouvements nerveux et de la circulation organique. Les effets lumineux de l'électricité sont des plus remarquables : la lumière électrique ne ressemble ni à celle du soleil et des astres, ni à celle qu'on obtient par la combustion des huiles, des graisses ou du gaz. Elle a un éclat qui lui est propre, et peut acquérir une intensité extrême. La lumière électrique qu'on obtient artificiellement en faisant passer un courant voltaïque par deux cônes de charbon juxtaposés, par deux fils de platine, par deux lames de kaolin (terre à porcelaine), etc., jouit d'un pouvoir éclairant supérieur à celui de toutes les autres sources lumineuses dont nous disposons. On a trouvé que quarante-huit couples à charbon faibles éclairent autant que cinq cent soixante-douze bougies; et quarante-six couples plus forts ont donné une lumière équivalant au quart de celle du soleil. La lumière électrique est si vive, qu'avec cent couples elle peut donner des maux d'yeux très douloureux, et qu'avec six cents un seul instant suffit pour occasionner des maux de tête et d'yeux violents, et pour brûler le visage, comme le ferait un fort coup de soleil.

Les liens étroits qui rattachent le magnétisme à l'électricité, la simultanéité constante des effets directs de celle-ci avec les manifestations de celui-là, sont de nature à faire supposer que ces deux agents ne sont que des formes différentes, mais inséparables, d'une même force, d'un même principe.

Tous ceux qui possèdent quelques notions de physique savent ce que c'est qu'un aimant et les pôles d'un aimant. On sait aussi que, de même que les électricités de même nom se repoussent, et les électricités de nom contraire s'attirent, de même aussi les pôles magnétiques de nom contraire s'attirent, et les pôles de même nom se repoussent; de telle sorte que, si au pôle austral d'un barreau aimanté on présente l'extrémité d'une aiguille également aimantée, et suspendue de façon à pouvoir tourner librement autour de son centre dans un plan horizontal, cette extrémité sera attirée ou repoussée suivant qu'elle sera, qu'on me passe cette expression surannée, chargée du fluide boréal ou du fluide austral. Mais maintenant éloignons le barreau aimanté, et laissons l'aiguille prendre spontanément son équilibre : nous la verrons osciller pendant quelque temps, puis s'arrêter dans une certaine position, et si nous essayons de l'en écarter, elle y reviendra toujours, dès qu'elle sera abandonnée à elle-même. Cette position est telle, que le pôle austral de l'aiguille est dirigé à très peu près vers le nord, et par conséquent son pôle boréal vers le sud. C'est en vertu de ce fait, constamment observé sous toutes les latitudes, que les physiciens ont assimilé le globe terrestre à un énorme aimant ayant ses pôles magnétiques voisins de ses pôles astronomiques, et exerçant sur tous les barreaux aimantés librement suspendus la même action, non pas attractive, mais simplement directrice, que nous venons de reconnaître. A peine est-il besoin de rappeler que la *boussole,* cet instrument si merveilleux en sa simplicité, ce guide infaillible des navigateurs, n'est autre chose qu'une aiguille aimantée reposant, par son milieu creusé en chape, sur un pivot très aigu, et mobile autour de ce pivot dans un plan horizontal. Ce pivot est au centre d'un cercle

Boussole de déclinaison.

horizontal sur lequel est figurée une *rose des vents,* et dont le diamètre N.-S. représente le méridien géographique, tandis que l'axe de l'aiguille elle-même, le méridien magnétique. L'angle que ces deux méridiens forment entre eux est ce qu'on nomme l'angle de *déclinaison.* L'aiguille étant toujours dirigée vers le nord magnétique, les points N, S, O, E de la rose qui lui est solidaire coïncident, plus ou moins exactement, avec les quatre points cardinaux, quelle que soit la position de l'instrument; et le navigateur, en consultant l'instrument, connaît toujours la route que suit son vaisseau.

L'action directrice dont la boussole marine est une si précieuse application n'est pas la seule que le magnétisme terrestre exerce sur

l'aiguille aimantée. En effet, au lieu de poser cette aiguille sur un
pivot vertical, suspendons-la, toujours par son centre, à un axe horizontal autour duquel elle puisse tourner librement comme le fléau
d'une balance, et dirigeons son pôle austral vers le pôle boréal de la
terre. Nous supposons, bien entendu, que les deux moitiés sont parfaitement symétriques et de même poids. Cependant, au lieu de se

Boussole d'inclinaison.

tenir horizontalement en équilibre, l'aiguille s'incline spontanément;
son pôle austral s'abaisse, et forme avec l'horizon un certain angle
qui est toujours le même pour une même latitude magnétique, c'est-
à-dire pour une même distance au pôle magnétique, mais qui va en
diminuant jusqu'à l'équateur magnétique, où l'aiguille redevient horizontale, et en augmentant jusqu'au pôle magnétique, où elle prend
une position tout à fait verticale. C'est au moins ainsi que les choses
se passent sur notre hémisphère. L'inverse a lieu sur l'hémisphère
austral. Là c'est le pôle boréal de l'aiguille aimantée qui s'incline
vers la terre, et forme avec l'horizon un angle d'autant plus grand
qu'on approche davantage du pôle magnétique austral du globe. On

désigne ce singulier phénomène sous le nom d'*inclinaison magnétique*, et l'instrument qui sert à le produire est appelé *aiguille* ou *boussole d'inclinaison*.

J'ai dit que l'aiguille de la boussole marine, qui est une boussole de déclinaison, indique « plus ou moins exactement » la position réelle des quatre points cardinaux. C'est qu'en effet l'angle qu'elle forme avec le méridien géographique n'est pas constant. On peut en dire autant de l'angle d'inclinaison. L'un et l'autre varient selon les lieux et selon les temps; aussi construit-on des boussoles dites *de variation*, destinées à indiquer et à mesurer les oscillations de l'aiguille aimantée.

La déclinaison est orientale ou occidentale, selon que le pôle magnétique est à l'est ou à l'ouest du pôle terrestre. Parmi les variations qu'elle subit, les unes sont régulières, les autres accidentelles. On donne aux variations régulières des noms différents, suivant la durée de leur période. Ainsi elles sont séculaires, annuelles ou diurnes.

Par suite des variations séculaires, l'aiguille aimantée accomplit, à l'est et à l'ouest du méridien géographique, des oscillations dont la durée est de plusieurs siècles. A Paris, en 1580, le pôle austral de l'aiguille était à l'est de la méridienne géographique; la déclinaison égalait 11° 50'. L'écart angulaire, après avoir décru d'une manière continue, a passé par 0 en 1663. Puis la déclinaison est devenue occidentale, et en 1814 elle a atteint un maximum de 22° 34'. Depuis cette époque, la déclinaison a constamment diminué; elle n'égale plus aujourd'hui que 18 degrés environ.

Les variations annuelles n'ont frappé les physiciens que vers la fin du XVIII° siècle. Le premier, Cassini remarqua, en 1784, que depuis l'équinoxe de printemps jusqu'au solstice d'été, l'aiguille aimantée rétrograde vers l'ouest, du 22 juin au 21 mars suivant. Il évalua à une vingtaine de minutes l'amplitude de l'oscillation pour une année.

Soixante-deux ans avant la découverte des variations annuelles, en 1722, Graham avait observé des variations diurnes. Ces dernières sont surtout sensibles de sept heures du matin à dix heures du soir. Au lever du soleil, l'aiguille se met en marche vers l'ouest, et ne s'arrête qu'à une heure de l'après-midi. Elle rétrograde ensuite vers l'est jusqu'au soir, et demeure à peu près immobile pendant la nuit.

On a depuis reconnu deux périodes semi-diurnes; la plus forte est celle du jour; celle de nuit est plus faible. Dans notre hémisphère, le pôle nord de l'aiguille marche vers l'ouest depuis le matin jusque vers le milieu du jour, et vers l'est jusqu'à la nuit; puis il va de nouveau vers l'ouest et revient vers l'est à peu près au milieu de la nuit.

Quant aux variations accidentelles, qu'on désigne plus ordinairement sous le nom de perturbations, elles correspondent aux *orages magnétiques*, dont nous nous occuperons plus loin, et qu'une solidarité mystérieuse semble rattacher aux changements physiques de la photosphère solaire.

Mais quel est, dans tous ces phénomènes, le rôle de notre atmosphère? Est-elle sans influence sur le magnétisme? Oppose-t-elle un obstacle à son action, ou lui sert-elle, au contraire, comme à la lumière et à la chaleur, de véhicule et de réceptacle? Ce sont là des questions auxquelles la science n'a pas répondu jusqu'ici, et qu'il ne semble pas que les physiciens aient pris grand souci de résoudre. Plusieurs cependant ont cherché à s'assurer si l'action magnétique, dont on place le foyer au sein du globe terrestre, perd de son intensité dans les couches élevées de l'atmosphère. Mais ici encore les observations les mieux faites n'ont donné que des résultats incertains.

Il paraît cependant établi que la force magnétique, aux différentes hauteurs, est influencée par des causes locales non encore déterminées; que probablement ces causes résident surtout dans des conditions de température et dans l'état électrique des diverses couches de l'atmosphère; qu'enfin l'intensité magnétique ne décroît qu'avec une extrême lenteur. Mais quelle loi préside à ce décroissement? quelle est la limite où s'arrête l'action de ce principe qu'on a nommé arbitrairement *magnétisme terrestre*, comme si la terre seule en était la source, et qui pourrait bien être aussi universel que la lumière ou la chaleur?... Ce sont là des problèmes dont la solution est encore, selon l'expression de Pline, « cachée dans la majesté de la nature, *in majestate naturæ abdita*. »

CHAPITRE IX

CE QU'IL Y A DANS L'AIR

Depuis que les hommes ont commencé, si je puis ainsi dire, à contempler l'univers avec les yeux de l'esprit, à réfléchir sur ce qui se passe autour d'eux, ils ont dû être frappés de ce fait, que l'aspiration et l'exhalaison de l'air est, chez tous les animaux, l'acte essentiel et caractéristique de la vie; que tout être privé d'air succombe au bout de quelques instants; que l'air même altéré, mélangé de certaines émanations, de certaines vapeurs, devient malsain ou mortel. Cela est si vrai que, dans les langues les plus anciennes, *respirer* et *vivre*, *expirer* ou *cesser de respirer* et *mourir*, sont des expressions absolument équivalentes.

Un autre fait non moins remarquable, qui n'a pu échapper aux hommes les plus ignorants, c'est que, faute d'air, toute flamme, comme toute vie, s'éteint étouffée. Les peuples anciens avaient parfaitement saisi l'analogie étroite de ces deux phénomènes; ils avaient deviné que le feu et la vie sont, au fond, une seule et même chose, et le premier était pour eux, ainsi que pour nous, l'emblème de la seconde.

Et pourtant des milliers d'années se sont écoulées, des générations sans nombre ont passé avant que, même parmi ceux qui s'étaient donné pour tâche d'interroger la nature, quelqu'un songeât à rechercher ce que c'était en réalité que l'air, à quel principe merveilleusement actif il devait cette propriété unique d'entretenir la vie et le feu.

Ce fut seulement au XVII siècle que l'attention des chimistes se porta sur ce grave problème. A cette époque, John Mayow prouva qu'il existe dans l'air un gaz qui est l'agent spécial de la combustion et de la respiration, et qui se fixe sur les métaux calcinés. Mais les expériences de ce chimiste, — dont à peine encore on sait aujourd'hui le nom, — passèrent inaperçues, tandis que la fameuse théorie du *phlogistique*, imaginée par G.-E. Stahl, était adoptée comme une révélation d'en haut par le monde savant. Voici, sommairement, en quoi consistait cette théorie célèbre qui, pendant plus d'un siècle, régna sans partage et sans opposition dans la science.

Selon Stahl, le phlogistique était un fluide contenu dans toutes les matières combustibles, et qui s'en échappait sous l'influence d'une température élevée. D'après cela, un corps qui brûlait, un métal qui se changeait en *chaux* ou en *terre* (on appelait ainsi les oxydes métalliques) perdaient leur phlogistique. Stahl ne pouvait ignorer cependant que les terres sont plus pesantes que leurs radicaux métalliques, ce qui prouve bien évidemment qu'au lieu de contenir quelque chose de moins, elles contiennent quelque chose de plus. Mais ni lui ni personne ne vit là une difficulté, et plus tard, lorsque les novateurs français s'avisèrent de cette objection, les disciples fidèles du chimiste allemand ne craignirent pas de répondre que « le phlogistique possédait le singulier privilège d'*ôter du poids* aux corps avec lesquels il était uni. »

Le succès de la théorie du phlogistique s'explique pourtant par ce

qu'elle avait, malgré sa fausseté, de large et de séduisant, et par le
peu qu'on savait alors de la constitution de l'air et, en général, des
propriétés des gaz. En 1731, Stahl écrivait que, « dans aucune circonstance, il n'était possible de faire prendre à l'air une forme solide
en le combinant et en le fixant sur certaines matières. » Une assertion
aussi catégorique, émanée d'un homme qui jouissait d'une aussi
grande autorité, ne pouvait manquer d'exercer sur les recherches des
chimistes une fâcheuse influence; aussi s'écoula-t-il encore plusieurs
années avant qu'aucun d'eux se hasardât à rien tenter en dehors des
données de cet axiome magistral. Cependant, vers 1770, le chimiste
anglais Hales osait soutenir que « l'air de l'atmosphère, le même que
nous respirons, entre dans la composition de la plus grande partie
des corps; qu'il y existe sous forme solide, dépouillé de son élasticité
et de la plupart des propriétés que nous lui connaissons; que cet air
est en quelque sorte le lien universel de la nature, le ciment des corps;
que même après avoir existé sous forme solide et concrète, et avoir
passé par des épreuves de toute espèce, il peut, dans certaines circonstances, redevenir un fluide élastique semblable à celui de notre
atmosphère; qu'en un mot, véritable Protée, tantôt fixe, tantôt volatil,
il doit être compté au rang des principes chimiques, et occuper comme
tel le rang qu'on lui a toujours refusé. »

A la même époque, la découverte de l'*air fixe* (acide carbonique),
par Black, et celle de l'*air inflammable* (hydrogène), par Cavendish,
ouvrirent aux études chimiques un nouvel horizon, et l'on se décida
enfin à secouer le joug des doctrines de Stahl, auxquelles la découverte de l'oxygène ne devait pas tarder à porter le coup fatal. C'est
encore à un chimiste anglais, Priestley, que revient l'honneur d'avoir
inauguré cette révolution mémorable.

« Il y a, je crois, dit-il, peu de maximes en physique mieux établies dans tous les esprits que celle-ci : que l'air atmosphérique,
abstraction faite des diverses matières étrangères qu'on a toujours
supposées dissoutes et mêlées dans cet air, est une substance élémentaire simple, indestructible et inaltérable au moins autant que l'est
l'élément de l'eau. Je m'assurai cependant bientôt, dans le cours de
mes recherches, que l'air de l'atmosphère n'est pas une substance
inaltérable, puisque le phlogistique (Priestley croyait encore au phlogistique) dont il se charge par la combustion des corps, par la respiration des animaux et par différents procédés phlogistiques, l'altère
et le déprave au point de le rendre totalement incapable de servir à
l'inflammation des corps, à la respiration des animaux et aux autres
usages auxquels il est propre... Mais j'avoue que je n'avais aucune
idée de la possibilité d'aller plus loin dans cette carrière, et d'ar-

river au point d'obtenir une espèce d'air plus pur que le meilleur air commun...

« Le 1er août 1774, je tâchai de tirer de l'air du précipité *per se* (notre oxyde rouge de mercure), et je trouvai sur-le-champ que, par le moyen de ma lentille, j'en chassais l'air très promptement. Ayant recueilli de cet air environ trois à quatre fois le volume de mes matériaux, j'y admis de l'eau et trouvai qu'elle ne l'absorbait pas; mais ce qui me surprit plus que je ne puis l'exprimer, c'est qu'une chandelle brûla dans cet air avec une vigueur remarquable; un morceau de bois y étincelait exactement comme du papier trempé dans une dissolution de sel de nitre, et s'y consuma très rapidement. »

Ayant ensuite calciné du minium (composé d'acide plombique et d'oxyde de plomb), Priestley obtint de nouveau le même *air* si propre à activer la combustion : ce qui le confirma dans l'idée que le mercure calciné « doit emprunter de l'atmosphère la propriété de fournir cette espèce d'air, le procédé de cette préparation étant semblable à celui par lequel on fait le minium. »

Une fois engagée dans cet ordre de recherches, il fallait que la chimie eût à tout prix le mot de l'énigme : nul respect des paroles d'un maître, nulle autorité de doctrine ne devait plus l'arrêter. A peine Priestley avait-il publié ses recherches, que le pharmacien suédois Guillaume Scheele décrivait, dans son *Traité de l'air et du feu*, publié en 1777, l'expérience par laquelle il avait séparé l'air commun en deux éléments, dont l'un s'était fixé sur le *foie de soufre alcalin* (sulfure de calcium), et l'avait transformé en gypse (sulfate de chaux); tandis que l'autre, demeuré dans le vase, manifestait, par son inaptitude à entrer dans les combinaisons chimiques, ses propriétés en quelque sorte négatives. Il indiquait aussi le procédé très simple à l'aide duquel il avait obtenu artificiellement l'*air de feu* (c'est l'oxygène qu'il appelait ainsi), procédé qui est encore employé dans les laboratoires pour préparer ce gaz.

Malheureusement Scheele ne comprit nullement la portée de ses expériences, qui sont pour nous aujourd'hui si claires et si concluantes. Il se perdit, pour les expliquer, dans un dédale de considérations confuses, où il fit intervenir le phlogistique, la prétendue combinaison de ce principe avec l'air, et je ne sais quelles autres chimères, qui ne firent que l'éloigner de la vérité. Il était réservé au plus grand des chimistes français, à l'immortel Lavoisier, de débrouiller ce chaos, de déterminer d'une manière simple, nette, lumineuse, la véritable composition de l'air atmosphérique et les rôles respectifs des éléments dont il est essentiellement formé. J'emprunte aux *Mémoires de l'Académie des sciences* les principaux passages de la note dans laquelle Lavoisier rend

compte de l'expérience admirable qui le conduisit à la détermination,
non plus seulement hypothétique, mais positive et palpable, de la
composition de l'air.

« J'ai renfermé, dit-il, dans un appareil convenable cinquante
pouces cubiques d'air commun ; j'ai introduit dans cet appareil quatre

Découverte de la composition de l'air. — Expérience de Schecle.

onces de mercure très pur, et j'ai procédé à la calcination de ce dernier en l'entretenant pendant douze jours à un degré de chaleur
presque égal à celui qui est nécessaire pour le faire bouillir... Au bout
de douze jours, ayant cessé le feu et laissé refroidir les vaisseaux, j'ai
observé que l'air qu'ils contenaient était diminué de huit à neuf
pouces cubiques, c'est-à-dire d'environ un sixième de son volume. En
même temps il s'était formé une portion assez considérable, et que j'ai

évaluée à environ quarante-cinq grains, de mercure *per se* (oxyde rouge), autrement dit de chaux de mercure.

« Cet air, ainsi diminué, ne précipitait nullement l'eau de chaux ; mais il éteignait les lumières, et faisait périr en peu de temps les animaux qu'on y plongeait...; en un mot, il était dans un état absolument

Découverte de la composition de l'air. — Expérience de Lavoisier.

méphitique... Il paraissait donc évident que, dans l'expérience précédente, le mercure, en se calcinant, avait absorbé la partie la meilleure, la plus respirable de l'air, pour ne laisser que la partie méphitique ou non respirable. L'expérience suivante m'a confirmé de plus en plus cette vérité.

« J'ai soigneusement rassemblé les quarante-cinq grains de chaux de mercure qui s'étaient formés pendant la calcination précédente; je

les ai mis dans une très petite cornue de verre, dont le col, doublement
recourbé, s'engageait sous une cloche remplie d'eau, et j'ai procédé à
la réduction sans addition. J'ai retrouvé, par cette opération, à peu
près la même quantité d'air qui avait été absorbée par la calcination,
c'est-à-dire huit à neuf pouces cubiques environ; et en recombinant
ces huit à neuf pouces avec l'air qui avait été vicié par la calcination
du mercure, j'ai rétabli ce dernier assez exactement dans l'état où il
était avant la calcination, c'est-à-dire dans l'état d'air commun : cet
air ainsi rétabli n'éteignait plus les lumières; il ne faisait plus périr
les animaux qui le respiraient; enfin il était presque autant diminué
par l'air nitreux que l'air de l'atmosphère.

« Voilà l'espèce de preuve la plus complète à laquelle on puisse
arriver en chimie, la décomposition de l'air et sa recomposition; et il
en résulte évidemment :

« 1° Que les quatre cinquièmes de l'air que nous respirons sont dans
l'état de *mofette*, c'est-à-dire incapables d'entretenir la respiration des
animaux, l'inflammation et la combustion des corps; 2° que le surplus,
c'est-à-dire un cinquième seulement du volume de l'air, est respirable;
3° que dans la calcination du mercure, cette substance métallique absorbe la partie salubre de l'air pour ne laisser que la mofette. »

CHAPITRE X

CE QU'IL Y A DANS L'AIR (SUITE)

« L'analyse de l'air par Lavoisier, dit avec raison M. Dehérain, inau-
gure la chimie nouvelle. » Elle donne, en effet, la clef du phénomène
de la respiration des animaux, de la combustion, de l'oxydation des
métaux et de la réduction des oxydes. Il suffit de traduire dans le langage
de la chimie moderne les conclusions de l'illustre chimiste, d'appeler
oxygène l'air respirable ou air vital (*air déphlogistiqué* de Priestley, *air
de feu* de Scheele), d'appeler azote la mofette ou air méphitique, pour
retrouver dans ces quelques lignes le résumé de tout ce que les recherches ultérieures des chimistes nous ont appris de la composition de l'air,
et des rôles respectifs de ses éléments. Ces recherches ont démontré
que l'air atmosphérique libre, qu'il soit pris dans les profondeurs les

plus considérables ou aux plus grandes hauteurs, à la surface des mers ou dans l'intérieur des continents, présente toujours et partout les mêmes proportions d'azote ou d'oxygène, savoir : en poids, 7,699 du premier et 2,301 du second; en volume, 79,19 d'azote et 20,81 d'oxygène. Il renferme en outre des quantités variables, et relativement très petites, d'acide carbonique et de vapeur d'eau.

L'oxygène et l'azote sont les deux principes constituants, essentiels et primordiaux de l'air atmosphérique. Ils n'y sont point à l'état de combinaison, mais seulement à l'état de mélange intime, en sorte que chacun d'eux conserve intégralement ses propriétés. L'un et l'autre sont des gaz insipides, inodores, incolores. L'oxigène a une densité supérieure à celle de l'air : la densité de l'air étant représentée par 1,000, celle de l'oxygène est 1,105; un litre de ce dernier gaz pèse donc, à la température de 0 degré et à la pression barométrique normale, 1,43 centigr. L'azote a une densité plus faible : 0,97; aussi un litre de ce gaz ne pèse-t-il que 1,25 centigr. Tous deux sont des gaz permanents, c'est-à-dire qu'ils supportent sans se liquéfier le froid le plus intense et la pression la plus énorme qu'il nous soit possible de produire. Mais s'ils ont entre eux, par leurs caractères physiques, une grande ressemblance, il en est tout autrement au point de vue de leurs propriétés chimiques : celles de l'azote sont à peu près nulles; c'est un corps inerte, et dont la présence dans l'air semble avoir pour but unique de tempérer les affinités extrêmement énergiques de l'oxygène. Celui-ci est l'agent le plus puissant des combinaisons et des décompositions chimiques. Uni à l'hydrogène, il constitue l'eau. En se fixant sur les métaux, il forme les bases (*chaux*, *terre* et *alcalis* des anciens chimistes); de sa combinaison avec les métalloïdes résultent la plupart des acides, qui, s'unissant eux-mêmes avec les bases, forment les sels. Le feu qui nous chauffe ou nous éclaire est toujours l'effet de la combinaison de l'oxygène avec un corps organique riche en carbone ou en hydrogène (houille, bois, graisse, huile, gaz d'éclairage, etc.). Enfin l'oxygène seul entretient la respiration des animaux, véritable combustion lente, où l'excès de carbone et d'hydrogène dont le sang a été chargé par la nutrition est brûlé et transformé en vapeur d'eau (oxygène et hydrogène) et en acide carbonique (oxygène et carbone), et source principale de la chaleur qui se répand et se maintient incessamment dans tout le corps, tant que dure la vie.

L'oxygène est encore aujourd'hui considéré comme un corps simple. En sera-t-il toujours ainsi? Il est permis d'en douter. Déjà l'on sait que, sous l'influence de fortes décharges électriques, ou lorsqu'il se trouve à l'état *naissant*, c'est-à-dire au sortir d'une combinaison, l'oxigène ne se ressemble plus à lui-même. Il acquiert une odeur forte,

piquante, ressemblant beaucoup à celle de l'acide sulfureux. Cette
odeur a été remarquée par toutes les personnes qui ont eu la fortune
de se trouver assez près d'un endroit où la foudre tombait pour observer les effets du terrible météore, et assez loin pour n'en pas devenir
victimes. Elle a fait naître et entretient encore dans le vulgaire l'opinion que la foudre n'est autre chose qu'un jet de soufre enflammé. Cependant la même odeur se manifeste aussi lorsqu'on tire des étincelles
d'une machine électrique, et quand on dégage l'oxygène de l'eau au
moyen d'un courant voltaïque, c'est-à-dire dans des circonstances où
l'on peut s'assurer que le soufre et l'acide sulfureux ne sont pour rien
dans ce qui se passe. Dès 1786, Van Marum avait observé ce phénomène. Il avait vu que l'oxygène électrisé est absorbé par le mercure avec
une rapidité extraordinaire, mais il avait attribué l'odeur du soufre à
la *matière électrique*, et l'oxydation du mercure à l'acide azotique que
l'oxygène pouvait contenir. Ce ne fut qu'en 1840 que M. Schœnbein
crut reconnaître que cette substance odorante et oxydante n'était autre
que l'oxygène lui-même dans un état particulier. Il lui donna le nom
d'*ozone*. L'ozone a été étudié depuis par MM. Frémy, Becquerel et
Houzeau, qui ont confirmé par de nombreuses expériences les vues de
M. Schœnbein. On admet donc aujourd'hui que ce gaz est identique à
l'oxygène, mais qu'en outre de l'odeur particulière dont je viens de
parler, il jouit de propriétés bien plus énergiques que celles qu'on
observe dans l'oxygène normal. Ses affinités sont, pour ainsi dire,
exaltées; il est plus oxydant, plus comburant; il déplace l'iode de ses
combinaisons; mis en présence de l'eau oxygénée, il revient à l'état
d'oxygène ordinaire, en détruisant autant d'eau oxygénée qu'il en faut
pour fournir un volume d'oxygène égal à celui de l'ozone détruit. Ce
dernier fait, découvert par M. Schœnbein, l'a conduit à supposer l'existence de deux espèces d'oxygène actif : l'un, auquel il conserve le nom
d'ozone; l'autre, qu'il appelle l'*antozone*. Ce serait ce dernier qui se
trouverait dans l'eau oxygénée (bioxyde d'hydrogène), et qui lui com-
muniquerait ses propriétés singulières. De la combinaison de l'ozone
et de l'antozone résulterait l'oxygène ordinaire ou neutre.

On sait maintenant qu'il existe de l'ozone dans l'atmosphère, mais
en quantité très variable, selon les temps et selon les lieux. Quelques
savants ont attribué à ce principe une grande influence sur la salubrité
ou l'insalubrité de l'air. Un chimiste, — M. Braconnot (de Nancy), je
crois, — a même avancé qu'en temps de choléra la mortalité augmentait ou diminuait infailliblement suivant que l'air des localités infectées
contenait moins ou plus d'azone. Des observations ou des expériences
longuement suivies, souvent répétées et d'une exactitude inattaquable,
pourraient seules nous apprendre ce qu'il y a de vrai dans ces assertions,

qui ne s'appuient que sur des preuves insuffisantes. La présence même
de l'ozone dans l'air et la valeur des procédés ozonométriques employés
n'ont pas été sans soulever des objections. Cependant les recherches
patientes poursuivies depuis plus de dix ans à ce sujet ont permis à
M. Houzeau de déterminer rigoureusement la proportion d'ozone existant dans l'air. Dès 1872, il présentait à l'Académie des sciences les
premiers résultats de ses observations, et des résultats absolus. Ainsi
l'air de la campagne, pris à 2 mètres de hauteur au-dessus du sol,
contient au maximum $1/_{450}$ de son poids d'ozone. Cette proportion
paraît augmenter à mesure qu'on s'élève au-dessus du sol. Dans ce
mémoire, M. Houzeau confirmait l'origine de l'ozone, attribuée généralement à l'oxygène de l'air modifié par l'électricité.

MM. Houzeau et Renard et M. Boillot ont produit des quantités considérables d'ozone en faisant agir sur l'oxygène ou même sur l'air
atmosphérique les *effluves* électriques, c'est-à-dire l'électricité sans
chaleur ni lumière apparente, et constituant une force nouvelle, d'une
application des plus intéressantes. C'est ainsi que M. Boillot a imaginé
un appareil qui permet d'obtenir jusqu'à 45 et 46 milligrammes d'ozone
par litre d'oxygène.

L'ozone exerce dans l'atmosphère une action purifiante par la propriété énergique qu'il possède de détruire des gaz délétères émanés des
substances organiques en décomposition. C'est un puissant oxydant et
un décolorant actif, et les hygiénistes se sont plus d'une fois préoc-
cupés des moyens de rendre plus importante la proportion qu'on en
trouve dans l'atmosphère. Un savant anglais, le Dr Robertson, dans
un mémoire lu à la session de 1875 de l'Association britannique pour
l'avancement des sciences, traçant le plan d'une cité idéale, qu'il
appelait *Hygiœa*, et dans laquelle tous les principes de l'hygiène moderne seraient scientifiquement appliqués, prévoyait l'établissement
d'appareils spéciaux pour la production en grand de l'ozone et l'assai-
nissement de l'atmosphère de la grande ville.

Nous nous occuperons plus loin de la vapeur d'eau qui fait partie
de notre atmosphère, et des phénomènes météorologiques qui se rattachent à sa production et à sa condensation. Je me bornerai, pour le
moment, à faire remarquer que son importance, au point de vue de
la physiologie animale et végétale, est beaucoup plus grande qu'on ne
serait tenté de le croire. Un air chargé d'humidité est très favorable à
la végétation ; il est malsain pour la plupart des animaux, et en particulier pour l'homme ; un air entièrement sec serait également funeste
aux plantes et aux animaux, en activant outre mesure la transpiration
et l'évaporation des liquides de l'organisme.

Nous venons de voir que, dans l'acte de la respiration, les animaux

La grotte du Chien près de Pouzzoles.

transforment en acide carbonique une certaine quantité d'oxygène. Cette quantité est considérable. L'air expiré par un homme en repos, dans l'état de santé, contient en moyenne 4 pour 100 d'acide carbonique. Un adulte vigoureux rend, dans l'espace de vingt-quatre heures, 867 grammes ou 443,409 centimètres cubes de gaz. En outre, des sources naturelles abondantes, et d'innombrables foyers allumés par la main de l'homme, versent continuellement dans l'atmosphère des torrents d'acide carbonique. Il doit donc sembler étonnant que, malgré cela, depuis que la terre est habitée, l'air n'ait pas cessé d'être respirable, et ne contienne toujours que des traces d'acide carbonique. Mais il ne faut pas oublier que, tandis que les animaux absorbent de l'oxygène et rendent de l'acide carbonique, les plantes, au contraire, absorbent de l'acide carbonique, s'assimilent le carbone, et restituent à l'air de l'oxygène ; qu'ainsi la composition chimique de l'atmosphère n'est point altérée. D'ailleurs, « le calcul montre, dit M. Dumas, qu'en exagérant toutes les données, il ne faudrait pas moins de huit cent mille années aux animaux vivant à la surface de la terre pour faire disparaître l'oxygène en entier. Par conséquent, si l'on supposait que l'analyse de l'air eût été faite en 1800, et que pendant tout le siècle les plantes eussent cessé de fonctionner à la surface du globe entier, tous les animaux continuant d'ailleurs à vivre, les analystes, en 1900, trouveraient l'oxygène de l'air diminué de $^1/_{8000}$ de son poids, quantité qui est inaccessible à nos méthodes d'observation les plus délicates, et qui, à coup sûr, n'influerait en rien sur la vie des animaux ou des plantes...

« En ce qui concerne la permanence de la composition de l'air, nous pouvons dire en toute assurance que la proportion d'oxygène qu'il renferme est garantie pour bien des siècles, même en supposant nulle l'influence des végétaux, et que néanmoins ceux-ci lui restituent de l'oxygène en quantité au moins égale à celle qu'il perd, et peut-être supérieure ; car les végétaux vivent tout aussi bien aux dépens de l'acide carbonique fourni par les volcans qu'aux dépens de l'acide carbonique fourni par les animaux eux-mêmes[1]. »

L'acide carbonique a passé longtemps pour un gaz vénéneux. On confondait alors ses effets avec ceux de l'oxyde de carbone, qui se produit d'abord dans les fourneaux lorsque la combustion du charbon est encore peu active, et qui, brûlant à son tour avec une jolie flamme bleue, passe à l'état d'acide carbonique. La vérité est que l'acide carbonique, loin d'être un poison, jouit, au contraire, de propriétés salutaires. Ingéré dans les organes digestifs avec les boissons gazeuses, il

---

[1] *Essai sur la statistique chimique des êtres organisés.* Paris, 1864.

exerce sur ces organes et sur toute l'économie une action légèrement stimulante, qui le fait souvent recommander par les médecins. En Allemagne, on l'emploie depuis plusieurs années pour guérir les douleurs rhumatismales et traumatiques [1], et en France on l'utilise également, soit à titre d'anesthésique local, soit en raison de ses propriétés cicatrisantes. Respiré en petite quantité avec l'air normal, il n'incommode point; mais il est aisé de comprendre que, dans un espace confiné où il est substitué en tout ou en partie à l'oxygène, la respiration devienne pénible et bientôt impossible. Les hommes ou les animaux périssent alors par asphyxie.

« L'acide carbonique, dit M. J. Girardin [2], est à coup sûr un des corps les plus répandus dans la nature... Il se rencontre pur, ou presque pur, dans les diverses cavités ou grottes que présentent les pays volcaniques, et quelques-uns des terrains calcaires. Il existe aussi au fond des puits, dans les mines et dans les carrières. Comme il est plus pesant que l'air (sa densité est de 1,529), il n'occupe jamais que la partie inférieure de ces cavernes, à moins que la quantité qui se dégage continuellement du sol ne soit assez considérable pour les remplir entièrement, ce qui arrive dans quelques localités... Dans les mines mal aérées et dans les houillères, il manifeste souvent sa présence en éteignant les lumières des mineurs, et en rendant leur respiration excessivement pénible; ils le nomment *mofette asphyxiante*. »

Les grottes d'où s'exhale du gaz acide carbonique sont très communes sur le territoire de Naples et dans quelques parties de l'Italie. La plus célèbre est la *grotte du Chien*, située au bord du lac d'Agnano, près de Puzzuolo. Son nom lui vient de ce que, de temps immémorial, les habitants du voisinage exercent l'industrie d'offrir aux étrangers qui viennent visiter cette grotte le spectacle de l'asphyxie d'un chien : asphyxie incomplète ordinairement.

Les substances que nous venons de passer en revue, — à savoir : l'azote, l'oxygène, la vapeur d'eau et l'acide carbonique, — entrent toujours et partout, en proportions sensiblement constantes, dans la composition de l'air. Mais il en est d'autres, en très grand nombre, qui peuvent s'y trouver mêlées, quelquefois en assez grande quantité pour exercer une action délétère sur les hommes et sur les animaux qui les respirent. Dans ce cas, on les désigne sous le nom de *miasmes*. Ces substances étrangères sont gazeuses, liquides ou solides. Parmi les gaz qui le plus souvent altèrent la pureté de l'air il faut citer l'oxyde de

---

[1] En plongeant le membre malade ou blessé dans une atmosphère d'acide carbonique.

[2] *Leçons de chimie élémentaire appliquée aux arts industriels* (2 vol. in-8°, Paris, 1860), t. I, 3e leçon.

carbone, l'acide azotique, l'ammoniaque, l'hydrogène carboné, l'hydrogène phosphoré, et l'hydrogène sulfuré ou acide sulfhydrique.

L'ammoniaque est un des corps dont la présence dans l'atmosphère est le plus fréquente, surtout au-dessus des lieux habités; et cela s'explique aisément, puisque ce gaz est un produit constant de la décomposition des matières animales. On a évalué à 0 milligr. 42 la quantité d'ammoniaque contenue dans un litre d'eau de pluie à la campagne. Pour les villes la proportion serait bien plus forte. A Paris, par exemple, d'après M. Barral, l'eau tombée pendant l'année 1851 renfermait 3 milligr. 06 d'ammoniaque. M. Boussingault a trouvé pour moyenne générale 3 milligr. 08. « Il n'y aurait, au reste, rien de surprenant, dit cet éminent chimiste, à ce que la pluie, après avoir lavé l'atmosphère d'une grande cité, contînt plus d'ammoniaque. Paris, sous le rapport des émanations, peut être comparé à un tas de fumier d'une étendue considérable. »

« Ceci, remarque M. Dehérain, n'est pas flatteur pour la capitale du monde civilisé; mais il n'en est pas moins vrai qu'à de certains jours d'été, quand la population se porte en foule sur les grandes voies de communication, on y sent très nettement l'odeur d'ammoniaque. »

Les brouillards et la neige absorbent encore plus d'ammoniaque que l'eau de pluie; ce qui explique et l'odeur désagréable des premiers, et l'heureux effet que produit sur les champs le séjour de la seconde.

La présence de l'hydrogène sulfuré dans l'air est, comme celle de l'ammoniaque, un résultat de la décomposition, disons mieux, de la putréfaction des substances animales; mais elle n'est heureusement que locale et accidentelle. L'hydrogène sulfuré se reconnaît aisément à son odeur d'œufs pourris. Il s'exhale abondamment des fosses d'aisance, des sentines où sont accumulées les immondices des grandes villes, de certains marécages tourbeux où des cadavres d'animaux sont mêlés à des détritus végétaux; enfin de plusieurs sources d'eaux minérales. C'est un gaz extrêmement délétère : $^1/_{1500}$ suffit pour tuer un oiseau.

L'hydrogène protocarboné se forme en grande partie dans la vase des marécages; aussi lui a-t-on donné le nom de *gaz des marais*. On peut le recueillir en agitant cette vase avec un bâton au-dessous d'un entonnoir plongé dans l'eau et surmonté d'un flacon renversé. En outre il se dégage du sol dans certaines localités, où l'on peut l'enflammer, et comme il brûle parfois d'une manière continue, les habitants du pays l'utilisent pour faire cuire leurs aliments. « Il existe en Italie, sur la pente septentrionale des Apennins, des dégagements de gaz qui soulèvent une boue imprégnée de sel marin, et forment ces volcans de boue appelés *salze*. Il existe de semblables sources de ce gaz dans le département de l'Isère, en Angleterre, en Crimée, sur les bords de la

mer Caspienne, en Perse, à Java, au Mexique [1]..» C'est le même gaz
qui, dans les mines de houille, constitue avec l'air ce mélange déto-
nant dont les formidables explosions sont justement redoutées des
mineurs. Ceux-ci le désignent sous le nom de *feu grisou*.

Enfin l'hydrogène phosphoré se dégage, dit-on, surtout pendant les

Gaz des marais (hydrogène protocarboné) recueilli dans un flacon.

nuits d'été qui succèdent à de chaudes journées, des tourbières et plus
encore des cimetières; et comme il s'enflamme spontanément au contact de l'air, on l'a considéré longtemps comme donnant naissance à
ces flammes bleuâtres qui voltigent dans l'air au gré du vent. On sait
que, suivant une croyance superstitieuse encore très répandue dans
les campagnes, ces *feux follets* attirent à leur suite les gens égarés ou
attardés, et les conduisent à quelque rivière où ils se noient, à quelque
fondrière où ils se brisent les os. L'hydrogène phosphoré résulte de la
décomposition de la matière cérébrale et nerveuse des animaux, et

---

[1] H. Debray, *Cours élémentaire de chimie*, 1 vol. in-8°. Paris, 1863.

principalement de l'homme : matière dont, le phosphore est un des éléments.

M. Jules Lefort, membre de l'Académie de médecine, qui a fait d'intéressantes expériences sur la destruction des gaz passant à travers une couche de terre, ne croit pas aux feux follets que la légende populaire place dans les cimetières; il ne croit pas non plus, par suite, aux prétendues exhalaisons fournies par la putréfaction des corps inhumés.

« Dans les cimetières, dit-il [1], le dégagement de vapeurs lumineuses mobiles, sous l'influence de la putréfaction, n'est pas possible, ainsi qu'on l'écrit encore chaque jour, parce que la profondeur à laquelle se produit la décomposition cadavérique ne permettrait pas, soit à du phosphure de soufre, soit à de l'hydrogène phosphoré (s'il était capable de prendre naissance), de traverser une épaisseur aussi considérable du sol sans se détruire complètement.

« Tous les chimistes savent aujourd'hui que ces dérivés du phosphore ne sont pas gazeux, et qu'ils se décomposent avec accompagnement de lumière pour peu qu'ils reçoivent le contact de l'air. Or le sol, même dans ses parties les plus profondes, contient toujours de l'air atmosphérique plus ou moins normal, qui réagirait sur ces substances inflammables à mesure de leur entraînement par l'acide carbonique ou tout autre gaz inerte, tel que l'hydrogène.

« S'il n'en était pas ainsi, le voisinage des nécropoles comme celles des grandes villes serait inhabitable, attendu que les autres gaz infects qui se forment en même temps dans la putréfaction cadavérique suivraient le même chemin que ces matières phosphorées. »

J'ai tenu à citer ces quelques lignes du savant chimiste, d'abord parce qu'elles protestent, comme on le voit, contre un vieux préjugé populaire, et ensuite à cause de l'intérêt qui s'attache, en ce moment surtout, à tout ce qui touche les cimetières, leurs émanations et les dangers qu'ils peuvent présenter pour les grandes agglomérations urbaines.

Les liquides qui peuvent se trouver en suspension dans l'atmosphère sont très peu nombreux, ou plutôt ils se réduisent à un seul, l'eau. Les nuages et les brouillards ne sont autre chose que des masses d'eau extrêmement divisée, à l'état de vésicules, ou de gouttelettes, ou même de petites aiguilles de glace. Il arrive que, par suite de circonstances particulières, les gouttelettes en suspension dans l'air contiennent des substances acides, alcalines, salines, etc. Au bord de la mer, par exemple, l'air recèle des gouttelettes imperceptibles d'eau salée provenant de l'écume des vagues, et qui lui donnent une saveur salée quelquefois très sensible.

____

[1] *Mémoire sur le rôle du phosphore et des phosphates dans la putréfaction.*

Feux follets.

Quant aux corps solides qui perpétuellement nagent dans l'atmosphère, ils sont de plusieurs sortes.

Peu de recherches directes avaient été entreprises jusqu'ici pour l'étude de ces corpuscules aériens, sur lesquels on disserte tant, surtout depuis les discussions soulevées à propos de la génération spontanée. Si j'excepte une étude de M. Pouchet sur *l'examen microscopique des poussières atmosphériques,* on ne peut citer, jusqu'à ces derniers temps, presque aucun travail ayant cette étude pour objet. M. Gaston Tissandier s'occupe pourtant depuis plusieurs années de cette question, et il a présenté à l'Académie des sciences un certain nombre de mémoires remplis d'observations curieuses.

Il résulte de ses recherches que la quantité de matières solides contenues dans un mètre cube d'air, à Paris, peut varier de 6 à 23 milligrammes ; ces poussières varient, en volume, de un sixième à un millième de millimètre, et il en tomberait, en vingt-quatre heures, environ 2 kilogrammes sur une surface équivalente à celle du Champ-de-Mars.

Analysées, ces poussières ont donné de 25 à 30 % de matières organiques, et 66 à 75 % de matières minérales (cendres) ; dans ces dernières le fer se trouve en proportions notables, sous forme de petites granulations, comme des gouttelettes, de petits grains d'oxyde de fer magnétiques, et M. Tissandier affirme qu'une partie des corpuscules aériens flottant dans notre atmosphère provient des espaces planétaires ; la chose n'est pas impossible, mais est-elle suffisamment prouvée à l'heure qu'il est ? je n'en suis pas sûr.

On a constaté encore au sein de l'air la présence de l'iode, du phosphore, de l'amidon ; de germes d'êtres microscopiques, d'infusoires et de cryptogames ; de débris de matières végétales. On peut se faire une idée de l'incalculable multitude de ces corpuscules, en considérant l'air éclairé par un faisceau de rayons solaires pénétrant dans un endroit relativement obscur. Il y a là tout un monde d'infiniment petits ; et ces infiniment petits, êtres organisés ou poussières, exercent peut-être, en maintes circonstances, sur la santé et sur la vie une influence non moins puissante et non moins funeste que celle des émanations gazeuses susceptibles de se dissoudre dans la vapeur d'eau ou dans l'air lui-même.

CHAPITRE XI

LE CHAUD ET LE FROID

Nous avons vu au chapitre VII ce que serait la chaleur pour le globe terrestre, si celui-ci n'avait point d'atmosphère. Voyons maintenant ce que serait l'atmosphère; je ne dis pas si elle était sans chaleur [1], mais si elle était toujours, dans toutes ses parties, également chaude ou froide. Oh! dans ce cas, la météorologie serait une science bien simple; car la météorologie est la science des mouvements, des changements d'état, des perturbations de l'air; et l'air serait immobile, ou ses mouvements seraient à peine sensibles et d'une régularité parfaite; son état ne changerait point; il ne serait sujet à aucune perturbation. Il n'y aurait ni beau ni mauvais temps, ni temps sec ni temps humide, ni saisons ni climats. Les habitants de la terre jouiraient d'un printemps, ou d'un été, ou d'un hiver perpétuel; les eaux seraient toujours gelées, ou toujours tièdes, ou toujours en vapeur; la végétation n'existerait point, ou elle serait toujours en activité : le tout suivant le degré de température au-dessous ou au-dessus de zéro qu'il vous plaira de supposer.

S'il en est autrement, c'est que la température est inégalement répartie à la surface du globe, et que pour un même lieu elle éprouve, selon l'époque de l'année, selon l'heure du jour, sous l'influence de causes nombreuses qui se combinent ou se contrarient de mille manières, de continuelles alternatives d'abaissement et d'élévation. Ce sont ces alternatives qui produisent dans l'air les contractions et les dilatations d'où résultent l'accroissement et la diminution de la pression barométrique et les fluctuations de la masse atmosphérique; qui déterminent la formation et la précipitation des vapeurs aqueuses; qui font que le ciel est limpide et bleu, ou qu'il se couvre d'épais nuages;

[1] On conçoit un corps dénué de chaleur quand on admet que la chaleur est un mouvement des particules de la matière. Au zéro absolu, le mouvement qui occasionne les effets de la chaleur n'existerait plus; ce qui ne veut pas dire qu'il n'y ait plus de mouvement du tout : il y aurait eu dans l'abaissement graduel de la température une transformation de mouvement calorifique en un autre. On pense que le zéro absolu est peu éloigné de — 273°. Cela n'est évidemment qu'une hypothèse, mais elle n'a rien d'absurde.

que des ruisseaux se transforment en fleuves impétueux, ou des torrents en paisibles cours d'eau ; que les campagnes disparaissent sous les frimas, ou se parent de verdure et de moissons ; que les arbres agitent au vent leurs branches dépouillées, ou se couvrent de feuillage et se chargent de fruits.

C'est donc par la chaleur qu'il convient de commencer l'étude des phénomènes de l'air. Et d'abord il n'est pas inutile de donner quelques explications sur le sens qu'on doit attacher à ces mots : chaleur, froid, température, calorique. On croit communément que ce dernier mot n'est que le synonyme scientifique du terme vulgaire de chaleur. Cela n'est pas exact. Ces deux mots, bien que les physiciens eux-mêmes les emploient souvent dans le même sens, ont cependant des significations bien distinctes. Le calorique est proprement la cause inconnue dont dépendent tous les phénomènes d'échauffement et de refroidissement, la dilatation et la contraction des corps, leur liquéfaction et leur vaporisation, leur solidification. Les mots « chaleur et froid » n'expriment autre chose que les sensations contraires que nous éprouvons au contact des corps, suivant que leur température est élevée ou basse. Enfin la température elle-même est l'état actuel du calorique sensible dans ces corps. Soit qu'on admette l'hypothèse de l'émission ou celle des ondulations, en d'autres termes, soit qu'on voie dans le calorique un fluide spécial ou une vibration particulière du fluide universel, on constate, comme fait d'expérience, que tous les corps émettent sans cesse du calorique ; qu'ils rayonnent en tous sens, et qu'ils se refroidiraient indéfiniment s'ils ne recevaient à leur tour le calorique que leur envoient les autres corps. Suivant donc qu'un corps émet plus ou moins de calorique à un moment donné, on dit qu'il est plus ou moins chaud ou froid, ou que sa température est plus ou moins élevée. D'où l'on voit qu'il ne faut pas confondre la température d'un corps avec la quantité de calorique qu'il contient. De ce qu'un corps, à un instant donné, nous fait éprouver une sensation de chaleur plus intense qu'un autre corps, nous aurions tort de conclure qu'il en contient davantage. Comme exemple propre à établir cette distinction, nous pouvons dire qu'à poids égal l'eau bouillante contient plus de calorique que le fer rouge, quoique la température de celui-ci soit évidemment beaucoup plus élevée.

On ne peut mesurer d'une manière absolue ni la quantité de calorique contenue dans un corps, ni celle qu'il émet ; mais on mesure d'une manière relative, c'est-à-dire en prenant un terme de comparaison arbitraire, la quantité de chaleur que les corps absorbent ou abandonnent lorsque leur température s'élève ou s'abaisse d'un nombre déterminé de degrés ; c'est la *calorimétrie*. On mesure de

même, à l'aide des instruments appelés *thermomètres,* les changements
qui surviennent dans l'état thermique des corps, en un mot, leur température.

Les thermomètres sont tous fondés sur le même principe, à savoir
sur les dilatations et les contractions que les corps, et notamment
les liquides, éprouvent en s'échauffant et en se refroidissant. Tout le
monde sait que les thermomètres employés pour mesurer la température de l'atmosphère, — les seuls dont nous ayons à nous occuper
ici, — consistent en un tube capillaire plus ou moins long, muni à
son extrémité inférieure d'une ampoule ou réservoir qui contient du
mercure ou de l'alcool. Des divisions appelées degrés sont tracées,
soit sur l'instrument lui-même, soit sur la monture à laquelle il est
fixé. Le mercure a l'avantage de se dilater et de se contracter d'une
manière uniforme, de ne point donner de vapeur à la température
ordinaire et de ne bouillir qu'à une température très élevée (360°).
Aussi est-ce de ce métal qu'on se sert pour la construction des ther-
momètres-étalons, qui doivent être d'une grande précision. L'alcool
se dilate et se contracte moins régulièrement; il émet des vapeurs à
toutes les températures, et bout à 76°; mais, tandis que le mercure
se solidifie à 40° au-dessous de zéro, l'alcool ne se congèle point, à
quelque refroidissement qu'on le soumette. Les thermomètres à alcool
conviennent donc parfaitement pour la mesure des températures très
basses.

On sait aussi que l'échelle en usage en France et dans beaucoup
d'autres pays est l'échelle centigrade; que le zéro de cette échelle correspond à la température de la glace fondante, et son centième degré
à celle où l'eau distillée entre en ébullition sous la pression moyenne
de soixante-seize centimètres; que les divisions sont continuées au-
dessous de zéro et au-dessus du point 100°; que pour écrire l'indication d'une température supérieure à zéro, on place ordinairement en
avant du chiffre des degrés le signe + (*plus*), et qu'on fait précéder
du signe — (*moins*) le chiffre des degrés représentant une température inférieure à 0°; mais que cette distinction des degrés positifs et
des degrés négatifs n'est que conventionnelle, et ne signifie nullement
que les premiers soient des degrés de *froid,* et les seconds des degrés
de *chaleur.*

Revenons maintenant aux phénomènes de chaud et de froid que
présente l'atmosphère. La presque totalité de la chaleur répandue à la
surface de la terre et retenue dans son enveloppe gazeuse est fournie
par le soleil. Les roches qui forment la croûte solide du globe conduisent si mal la chaleur, que celle qui provient du feu central ou des
couches intérieures incandescentes arrive à peine à la surface en assez

grande quantité pour fondre, en un an, une pellicule de glace de six millimètres d'épaisseur, qui couvrirait cette surface entière. On voit que si notre planète venait par malheur à perdre son soleil et à n'avoir plus pour se chauffer que son propre foyer, les êtres qui l'habitent ne tarderaient pas à périr ; car elle reviendrait à la température des espaces célestes : température qu'il est impossible d'évaluer exactement, mais qui, à coup sûr, est tout à fait incompatible avec la vie végétale, et que les animaux ne supporteraient pas longtemps. Elle atteindrait, d'après M. Pouillet, le chiffre formidable de — 140° ; mais les autres physiciens sont arrivés par leurs calculs à des résultats plus modérés. Fourier dit de — 50° à — 60° ; Svanberg, — 50°,3 ; Arago, — 56°,7 ; Péclet, — 60° ; Saigey, de — 65° à — 77° ; sir John Herschell, — 91°. En tout cas, et si basse que soit la température de l'espace, elle n'en exerce pas moins une action bienfaisante, en s'opposant, dans une certaine mesure, au refroidissement indéfini de la terre elle-même. « De prime abord, dit Humboldt, il doit paraître singulier d'entendre parler de l'influence relativement bienfaisante que cette effroyable température de l'espace, si inférieure au point de congélation du mercure, exerce sur les climats habitables de la terre, ainsi que sur la vie des animaux et des plantes. Pour sentir la justesse de cette expression, il suffit cependant de réfléchir aux effets du rayonnement. La surface de la terre échauffée par le soleil, et même l'atmosphère jusqu'à ses couches supérieures, rayonnent librement vers le ciel. La déperdition qui en résulte dépend presque uniquement de la différence de température entre les espaces célestes et les dernières couches d'air. Quelle énorme perte de chaleur n'aurions-nous donc pas à subir par cette voie, si la température de l'espace, au lieu d'être de — 60°, ou de — 90°, ou même de — 140°, se trouvait réduite à — 800° ou à mille fois moins encore.

La température de l'air varie, en vertu des propriétés physiques de ce gaz, suivant son plus ou moins de densité, et en vertu de sa composition selon qu'il est plus ou moins chargé de vapeur d'eau. De ces causes intrinsèques résulte un abaissement de température sensiblement proportionnel à l'élévation des couches atmosphériques ; à ce refroidissement de l'air est due l'existence des neiges et des glaces éternelles, partout où se trouvent des montagnes assez hautes pour que leurs sommets atteignent les régions où l'air ne s'échauffe jamais au delà du point de congélation de l'eau. J'ajouterai à ce sujet que l'altitude de ces régions dépend de la latitude : en d'autres termes, que la limite des neiges perpétuelles est, d'une manière générale, d'autant moins élevée qu'on s'avance plus près des pôles, et d'autant plus qu'on s'approche davantage de l'équateur. Dans les régions

Glaciers.

arctiques, et à plus forte raison dans les régions antarctiques, la ligne qui forme la limite des neiges perpétuelles descend jusqu'au niveau de la mer. « Sous l'équateur et en Amérique, dit encore Humboldt, la limite inférieure des neiges atteint la hauteur du mont Blanc de la chaîne des Alpes; puis elle baisse vers le tropique boréal; les dernières mesures la placent à trois cent douze mètres environ plus bas, sur le plateau du Mexique, par 19° de latitude nord. Elle s'élève, au contraire, vers le tropique austral. »

La répartition de la température dans le sens horizontal peut, comme celle des pressions barométriques, être représentée par des lignes à peu près parallèles dans leur direction générale, et s'échelonnant avec une certaine régularité entre l'équateur et les pôles. On donne le nom d'*isothermes* aux lignes qui réunissent tous les points pour lesquels la moyenne thermométrique annuelle est la même. En réunissant sur une mappemonde tous les lieux qui ont la même moyenne estivale, on a de nouvelles courbes appelées *isothères* (ἴσος, égal; θέρος, été); et celles qui passent par les points ayant une même moyenne hibernale sont dites *isochimènes* (χειμών, hiver). C'est à Humboldt qu'on doit ce mode ingénieux de représentation graphique qui, dit-il lui-même, donnera une base certaine à la climatologie comparée, si les physiciens consentent à réunir leurs efforts pour le perfectionner.

Quant aux lignes isothermes, Humboldt a établi que leur forme est modifiée par un très grand nombre de causes, dont les unes élèvent la température moyenne, tandis que les autres l'abaissent. Parmi les premières, il signale :

La proximité d'une côte occidentale, dans la zone tempérée;

La forme découpée des continents, et la présence de méditerranées et de golfes pénétrant profondément dans les terres;

La direction sud ou ouest des vents régnants, s'il s'agit de la bordure occidentale d'un continent situé dans la zone tempérée;

La rareté des marécages, l'absence de forêts sur un sol sec et sablonneux;

La sérénité constante du ciel pendant l'été; enfin le voisinage d'un courant océanique ayant sa source dans l'un des estuaires équatoriaux.

Les principales causes d'abaissement de la moyenne thermométrique annuelle sont :

L'élévation de la contrée au-dessus du niveau des mers;

Le voisinage d'une côte orientale, pour les hautes et les moyennes latitudes;

La configuration compacte d'un continent dont les côtes sont depourvues de golfes, ou une grande extension des terres, vers le pôle;

Des chaînes de montagnes fermant l'accès aux vents tièdes; des forêts interceptant les rayons du soleil; ·

Un ciel nébuleux pendant l'été, limpide pendant l'hiver;

Enfin le voisinage d'un courant pélagique venu des régions polaires.

CHAPITRE XII

LES CLIMATS ET LES SAISONS

La surface du globe, considérée au point de vue de la distribution des températures, peut être divisée et subdivisée en un très grand nombre de régions, dont chacune présente un ensemble de conditions météorologiques qui lui est propre, et qui constitue ce qu'on nomme un climat.

Les anciens géographes avaient partagé l'hémisphère boréal, le seul qui leur fût connu, en trente zones parallèles, distinguées les unes des autres par la durée de leur plus long jour au solstice d'été. Vingt-quatre de ces zones, comprises entre l'équateur et le cercle polaire, étaient appelées *climats horaires* ou de demi-heure, parce que, de l'un à l'autre, la différence entre les plus longs jours était d'une demi-heure. Les six autres zones, comprises entre le cercle polaire et le pôle même, étaient dites *climats de mois,* parce qu'à partir du cercle polaire le plus long jour de chacune de ces zones était d'un mois plus long que celui de la précédente. Ainsi le climat équatorial était celui où les jours sont toujours égaux aux nuits, et durent, par conséquent, douze heures; c'était le premier. Le second était celui où le plus long jour est de douze heures et demie; le troisième, celui où le plus long jour est de treize heures; et ainsi de suite jusqu'au vingt-quatrième, où, à l'époque du solstice d'été, le soleil demeure pendant vingt-quatre heures au-dessus de l'horizon. Le premier climat de mois s'étendait depuis le cercle polaire jusqu'au parallèle au-dessus duquel le soleil reste levé, une fois par an, pendant un mois entier; le second allait de ce parallèle à celui où le plus long jour est de deux mois; et ainsi de suite jusqu'au climat polaire, où l'année se compose d'un seul jour et d'une seule nuit, chacun de six mois.

On a donné le nom de climats astronomiques à des divisions où il

n'est tenu compte, en effet, que de deux circonstances purement
astronomiques, savoir : la durée plus ou moins longue de la présence
du soleil au-dessus de l'horizon aux époques successives de l'année,
et l'incidence plus ou moins oblique des rayons de cet astre lors de
son passage au méridien : circonstances fondamentales, il est vrai,
car c'est de leur concours que résulte le phénomène des saisons, si
étroitement lié à celui des climats, qu'on pourrait définir ces derniers : les différentes manières d'être des saisons dans les différentes
contrées. Mais ces manières d'être, bien que gouvernées essentiellement par le cours du soleil et par la latitude du lieu, ne laissent pas
d'être modifiées encore par une multitude de causes secondaires qu'il
n'est pas permis de négliger. Ces causes ont conduit les météorologistes modernes à distinguer des climats astronomiques, qui ne sont
guère qu'une conception théorique, les climats physiques ou atmosphériques, qui sont les climats réels, et de l'ancienne climatologie
astronomique on n'a conservé que les cinq grandes divisions ou *zones*
formées, de part et d'autre de l'équateur, par les tropiques et par les
cercles polaires. Tout le monde sait que la zone intertropicale a reçu
le nom, un peu hyperbolique, de zone torride ; que les zones polaires
sont appelées plus justement zones glaciales ; qu'enfin celles qui, sur
chaque hémisphère, occupent l'espace compris entre le cercle polaire
et le tropique, sont dites zones tempérées.

Cette division a sans doute, comme toutes les divisions de ce genre,
l'inconvénient d'être trop absolue, trop tranchée, de ne tenir aucun
compte des transitions. Il est certain, par exemple, que les zones qu'on
nomme tempérées auraient pu être elles-mêmes partagées en trois
bandes, dont la médiane seule aurait mérité de conserver la qualification primitive de tempérée, tandis que les deux extrêmes eussent été
bien désignées, par exemple, sous les noms de zone sub-torride ou
sub-tropicale, et de zone sub-polaire ou sub-glaciale.

Quoi qu'il en soit, on ne peut nier que la nouvelle division n'ait sur
l'ancienne de grands avantages. En premier lieu, elle n'a rien d'arbitraire : elle est fondée sur des données astronomiques positives et précises, puisque les tropiques sont les cercles qui passent par les points
solsticiaux, et les cercles polaires, ceux qui limitent, autour des extrémités de l'axe terrestre, les rayons où les jours et les nuits atteignent
et dépassent la durée de vingt-quatre heures. En second lieu, elle
donne tout d'abord une idée saisissante et, en somme, assez vraie de
la constitution climatérique qui caractérise chacune des zones. En
effet, sur toute la ligne équinoxiale, où les jours sont constamment
égaux aux nuits, les rayons du soleil arrivent suivant une direction
qui, lors du passage de l'astre au méridien, est presque verticale, et

Paysage des tropiques.

qui l'est rigoureusement deux fois par année, après quoi le soleil
s'écarte, tantôt à droite, tantôt à gauche, de 23° 28', c'est-à-dire
jusqu'au tropique. Il est vrai que l'équateur thermal (on entend par
là la courbe qui relie ensemble tous les points où la moyenne annuelle de la température est la plus élevée) ne coïncide pas sur tous
ses points avec l'équateur géographique. Mais ces divergences ne sont
dues qu'à des circonstances secondaires, telles que l'altitude des lieux,
la nature du sol, la présence ou l'absence de grandes masses d'eau, etc.,
qui déterminent en certains endroits une absorption de chaleur plus
grande qu'en d'autres endroits ; et il n'en est pas moins incontestable
qu'à l'équateur la terre reçoit du soleil plus de chaleur que partout
ailleurs.

A mesure qu'on s'éloigne de ce grand cercle, soit vers le nord, soit
vers le sud, les rayons solaires prennent une direction plus constamment oblique ; cependant, pour la zone torride, cette direction reste
voisine de la verticale, et tous les lieux compris dans cette zone ont
au moins un jour où, à midi, les rayons tombent perpendiculairement sur le sol. Aussi leur température se rapproche-t-elle beaucoup
de celle de l'équateur, lorsque même, par l'effet de quelqu'une des
causes dont j'ai parlé ci-dessus, elle n'est pas plus élevée encore.
Passé les tropiques, l'incidence des rayons solaires est toujours plus
ou moins oblique ; l'inégalité des jours et des nuits devient de plus en
plus sensible ; la température moyenne s'abaisse graduellement, sinon
régulièrement. Enfin, à partir du cercle polaire, les rayons calorifiques et lumineux prennent une direction presque parallèle à l'horizon ; les jours d'été et les nuits d'hiver durent de vingt-quatre
heures à six mois. On conçoit donc que, dans l'intérieur de ces cercles,
la moyenne thermométrique soit moindre qu'en aucune partie des
zones précédentes. Il faut ajouter cependant que, de même que l'équateur thermal s'écarte de la ligne équinoxiale, de même aussi ce n'est
pas aux pôles mêmes du globe que règne la plus basse température.
Les *pôles du froid* paraissent même être situés à une assez grande
distance des pôles géographiques.

Aux conditions générales de température qui résultent de la direction des rayons solaires et des longueurs relatives des jours et des
nuits, correspondent des différences profondes dans le cours et la tenue
des saisons, dans l'état ordinaire de l'atmosphère et dans la nature de
ses perturbations, ainsi que dans les caractères de la faune et de la
flore de chaque zone, et dans ceux des races humaines qui peuplent
les continents et les îles des deux hémisphères.

Si nous considérons d'abord les saisons, nous voyons qu'au pôle on
n'en compte que deux, dont on peut dire à la lettre qu'elles sont, l'une

par rapport à l'autre, « le jour et la nuit. » A mesure qu'on s'éloigne de cette morne région, outre que la moyenne thermométrique de l'année s'élève, et que les durées des jours et des nuits deviennent moins inégales, on passe moins brusquement de l'hiver à l'été et de l'été à l'hiver. Dans les zones tempérées, les époques de transition entre les deux saisons extrêmes sont elles-mêmes de véritables saisons intermédiaires; en sorte que les habitants de ces zones ont quatre saisons, dont deux, l'hiver et l'été, commencent aux solstices, et deux autres, le printemps et l'automne, commencent aux équinoxes.

On sait que les saisons sont inverses dans les deux hémisphères boréal et austral; que l'été règne dans le premier hémisphère lorsque la terre décrit la plus grande portion de son orbite, et dans le second lorsqu'elle décrit la plus petite; et qu'en conséquence l'un a constamment des étés plus courts et des hivers plus longs que l'autre : ce qui achève d'expliquer le refroidissement de l'hémisphère austral.

Sous les tropiques, la distinction des saisons s'efface presque complètement. Il n'y a plus de printemps ni d'automne, ni même, à proprement parler, d'été et d'hiver. Les habitants de la région équatoriale voient deux fois chaque année le soleil sur leurs têtes; après quoi le soleil s'écarte tour à tour, vers le sud et vers le nord, de 23° environ. Il semble donc que ces contrées doivent avoir deux étés compris entre deux automnes, ou, si l'on veut, entre deux printemps. Mais lorsque le soleil est à l'équateur et darde perpendiculairement ses rayons vers la terre, la chaleur extrême qu'il développe détermine en même temps la formation d'énormes quantités de vapeur d'eau, qui bientôt se condensent et donnent lieu à des orages violents et à des averses torrentielles; en sorte que ces deux prétendus étés sont les plus mauvaises saisons des climats équatoriaux. On les désigne sous le nom de saisons des pluies ou d'hivernages. Au contraire, lorsque le soleil incline vers l'un ou l'autre tropique, ses rayons, étant moins perpendiculaires, absorbent beaucoup moins de vapeurs, et il en résulte deux saisons moins chaudes, mais sèches et sans orages. Dans le voisinage des tropiques, au lieu de deux saisons sèches et de deux hivernages, il n'y en a plus, d'ordinaire, qu'une de chaque espèce, et la différence de température entre l'une et l'autre est peu sensible. Au surplus, les contrés tropicales, et en général les contrées chaudes présentent, selon les conditions géographiques où elles se trouvent placées, selon la nature de leur sol, l'abondance et la rareté des cours d'eau, etc., des caractères climatériques très divers.

Il existe des pays où l'on ignore ce que c'est que des saisons, et où la pluie est un phénomène à peu près inconnu. On sait que l'Égypte jouit d'un ciel toujours limpide et bleu, et que la fécondité proverbiale de

son sol, qui fournit, presque sans culture, trois ou quatre récoltes
par an, n'est due qu'aux inondations périodiques du Nil. Au Pérou, à
côté de contrées où il pleut presque toute l'année, il en est d'autres où
il ne pleut jamais et qui cependant ne laissent pas de nourrir une
luxuriante végétation.

« La partie du littoral de la mer du Sud où gît le guano, dit
M. Boussingault, offre cette particularité que, sur une étendue considérable, depuis Tumbes jusqu'au désert d'Atacama, la pluie est, pour
ainsi dire, inconnue, tandis qu'en dehors de ces limites, au nord de
Tumbes, dans les forêts impénétrables et marécageuses du Choco, il
pleut presque sans interruption. A Payta, placé au sud de cette province, lorsque je m'y trouvai, il y avait dix-sept ans qu'il n'avait plu.
Plus au sud encore, à Chocope, on citait comme un événement mémorable la pluie de 1726. Il est vrai qu'elle dura quarante nuits, car elle
cessait pendant le jour. »

C'est grâce à la différence des températures et des climats que la
nature présente, selon les latitudes, des aspects si divers, et que les
espèces végétales et animales et les races humaines sont distribuées à
la surface du globe d'après des lois qui ne souffrent que des exceptions
très restreintes.

CHAPITRE XIII

LES VENTS — CIRCULATION GÉNÉRALE DE L'ATMOSPHÈRE

L'air est bien rarement à l'état de repos. Presque toujours il éprouve
des déplacements, tantôt graduels et lents, tantôt brusques et rapides;
il se transporte d'un lieu à un autre en masses plus ou moins grandes.
De là dans l'atmosphère des fluctuations, des courants qu'on appelle
vents. En un mot, le vent n'est autre chose que l'air en mouvement.
C'est donc un phénomène très simple en lui-même, mais dont l'importance dans l'économie physique de notre globe est immense. C'est le
vent qui donne à l'atmosphère, en mélangeant incessamment ses diverses parties, une composition partout la même, partout également
propre à l'entretien de la vie chez les animaux et chez les plantes;
c'est le vent qui renouvelle l'air là où il a subi quelque altération :

Paysage polaire.

dans les villes notamment, où, sans cette agitation salutaire, il tendrait à se surcharger d'émanations qui le rendraient irrespirable. C'est le vent qui apporte dans les contrées torrides la fraîcheur des climats froids, et qui adoucit ces derniers en y faisant circuler l'air tiède des zones méridionales ; c'est le vent qui répand sur les continents les

Rose des vents.

vapeurs aqueuses fournies par l'évaporation des mers ; c'est le vent enfin qui favorise la reproduction des végétaux en agitant leurs tiges et leurs branches, en soulevant le pollen des fleurs mâles et en transportant au loin cette poussière vivante qui va tomber sur les fleurs femelles, et féconder leurs carpelles.

La météorologie considère dans les vents : leur direction actuelle et leur direction moyenne ; leur marche, leur vitesse ou leur force ; leurs causes et les lois qui les régissent, et d'où résultent leur caractère permanent ou accidentel, général ou local ; leur origine, leur température, etc.

La direction actuelle d'un vent est son caractère le plus apparent et le plus facile à observer. Pour la déterminer, on suppose l'horizon partagé en quatre arcs égaux par deux diamètres perpendiculaires entre eux, dont l'un est dirigé du sud au nord, l'autre de l'est à l'ouest. Les points où ces diamètres coupent l'horizon sont les quatre *points cardinaux*. Mais ces points seraient insuffisants, car le vent peut prendre une foule de directions intermédiaires. On indique ces directions par de nouveaux diamètres, qui partagent l'horizon en seize parties égales, et l'on a ainsi, sauf des différences négligeables, l'indication de toutes les aires du vent. La figure qui représente ces divisions, et que nous donnons ci-dessus, est connue sous le nom de *Rose des vents*. On y a tracé, outre les lettres N, S, E, O (nord, sud, est, ouest), les initiales N.-E., E.-N.-E., S.-O., S.-S.-O., etc., qui signifient *nord-est, est-nord-est, sud-ouest, sud-sud-ouest,* etc. A peine est-il besoin de rappeler que l'aire du vent s'exprime toujours par le point d'où il vient, et jamais par celui vers lequel il souffle; ainsi vent d'ouest veut dire vent qui vient de l'ouest, vent du sud-est, vent qui vient du sud-est, etc.

Lorsqu'on sait s'orienter et qu'on peut trouver autour de soi quelques objets susceptibles d'être impressionnés par les mouvements de l'air, il est aisé de reconnaître la direction du vent; mais on a souvent recours à un instrument, le plus ancien sans doute de tous ceux qui servent aux observations météorologiques : je veux parler de la girouette. On sait que la girouette consiste en une feuille de métal, ordinairement de fer-blanc ou de zinc, découpée d'une façon plus ou moins élégante, et mobile sur une tige à laquelle est fixée une croix horizontale, dont les bras portent à leurs extrémités les lettes N, S, O, E, découpées à jour. La girouette se place sur la partie la plus élevée du toit des édifices.

Il faut bien avouer toutefois que la girouette est un instrument primitif, dont la précision laisse à désirer. Exposée à toutes les intempéries de l'air, elle se rouille et se détériore, devient paresseuse, n'obéit plus aux impulsions du vent. Il arrive aussi que sa tige se déjette, et alors, déplacée de sa position d'équilibre, la girouette retombe toujours du même côté. D'ailleurs elle est ordinairement placée à une faible hauteur, où divers obstacles peuvent dévier le vent de sa direction normale, et où elle n'est, en tout cas, impressionnée que par les courants inférieurs, dont l'influence sur le temps est nulle, ou du moins secondaire. Il n'est pas rare que l'atmosphère soit parcourue par plusieurs courants superposés et entre-croisés. Dans ce cas, le courant principal, celui qui, si l'on peut dire ainsi, gouverne le temps, est en général placé à une grande hauteur, quand même il n'est pas le plus élevé de tous; et c'est la marche des nuages qui le fait connaître. Là est le meilleur et le plus sûr indice de l'aire du vent.

La direction moyenne du vent est un des éléments les plus propres à faire connaître le climat d'un lieu, car elle se relie étroitement à l'état hygrométrique de l'air, à la fréquence ou à la rareté des pluies. On ne peut la déterminer que par une série d'observations journalières, faites avec soin pendant une ou plusieurs années. Dans nos contrées, la pré‑dominance des vents d'ouest et du sud-ouest est la marque d'un climat doux, mais pluvieux ; celle des vents du nord et du nord-est, d'un

Girouettes et paratonnerres.

climat sec et froid ; celle du vent du sud, d'un climat chaud et ora‑geux.

On sait que la force vive ou l'effet mécanique d'un corps qui se meut a pour expression $M V^2$, c'est-à-dire la *masse* de ce corps multipliée par le carré de sa *vitesse*. Or la masse ou la densité de l'air ne variant que dans des limites très restreintes, la force du vent dépend presque entiè‑rement de sa vitesse, et croît comme le carré de celle-ci. J'emploierai donc indifféremment ces deux termes : force du vent, et vitesse du vent. Cette propriété, non moins variable que la direction, n'est pas à beaucoup près aussi facile à déterminer exactement. Ce n'est que grâce aux récents progrès de la physique et de la mécanique qu'on est parvenu à construire des appareils désignés sous le nom d'*anémomètres* (de ἄνεμος, vent, et μέτρον, mesure), qui permettent de la mesurer avec précision.

Comme les vents sont toujours produits par une rupture d'équilibre dans l'atmosphère, il semblerait au premier abord qu'ils dussent reconnaître un grand nombre de causes diverses. Mais un examen attentif a permis de ramener toutes ces causes à des différences de température entre des contrées voisines. L'opinion vulgaire, se fondant sur l'analogie qui existe entre l'Océan marin et l'Océan atmosphérique, attribue à l'attraction de la lune et à celle du soleil une influence considérable sur les déplacements de l'air. Or il est aisé de démontrer qu'ici l'analogie conduit à des conclusions erronées.

Sans doute l'air est soumis, comme l'Océan, à l'attraction luni-solaire. Il y est même d'autant plus sensible que sa mobilité est plus grande, et que ses couches extrêmes sont plus éloignées du centre du globe. Il y a donc, incontestablement, des marées atmosphériques, qui suivent les mêmes lois que les marées neptuniennes; mais les oscillations qui en résultent peuvent à peine se faire sentir près de la terre. On sait, en effet, que l'attraction sidérale s'exerce proportionnellement aux masses; que chaque molécule d'un corps soumis à une force quelconque obéit également à cette force, que le corps dont il fait partie soit très rare ou très dense; que seulement, dans le premier cas, le nombre des molécules attirées est, à volume égal, plus grand que dans le second : ce qui ne modifie en aucune façon l'action même de la force. Il faut se rappeler aussi que l'effet de l'attraction luni-solaire sur l'Océan est superficiel et se réduit à peu de chose, puisque les plus hautes marées n'élèvent pas de plus de vingt à vingt-cinq mètres le niveau de la mer sur un point donné. Transportons cet effet à l'atmosphère, dont la hauteur est peut-être égale à cinquante ou soixante fois la profondeur moyenne de l'Océan, et nous serons obligés d'avouer que la part de l'attraction luni-solaire dans les mouvements qui agitent l'enveloppe de notre globe est tout à fait insignifiante. Les vents plus ou moins violents qui soufflent sur nos côtes à l'entrée du printemps et de l'automne, et qu'on connaît sous le nom de *tempêtes d'équinoxe*, n'ont avec les grandes marées qu'un rapport de coïncidence, et sont dus à une rupture d'équilibre produite par les changements de température qui se manifestent à cette époque de l'année.

C'est, je le répète, dans les changements de température qu'éprouvent à chaque instant les diverses parties de l'atmosphère qu'il faut chercher la véritable cause des vents : car l'air, en s'échauffant, se dilate, augmente de volume; en se refroidissant, il se contracte, il diminue de volume. L'équilibre, ainsi rompu sur des étendues plus ou moins grandes, tend à se rétablir : ce qui ne peut avoir lieu que par l'afflux de l'air froid vers les parties raréfiées, et par l'écoulement de l'air dilaté vers les régions abandonnées par l'air le plus dense.

Ainsi, un vent chaud se dirigeant dans un sens donne nécessairement naissance à un vent froid se dirigeant en sens contraire, et réciproquement; et le premier affecte les couches supérieures de l'air, tandis que le second se trouve près de la surface du sol. Ce phénomène est parfaitement représenté par une ingénieuse et très simple expérience de Franklin. Soient deux chambres contiguës, dont une seulement est chauffée. Ouvrez la porte qui les fait communiquer : il s'établira aussitôt, de la chambre froide vers la chambre chauffée, un courant inférieur, et de celle-ci vers celle-là un courant supérieur. On s'en assurera en posant une bougie sur le plancher, et en en tenant une autre élevée près du sommet de la porte : la flamme de la première se dirigera de la chambre froide vers la chambre chaude, et la flamme de la seconde en sens contraire. Tous les vents peuvent se ramener ainsi, soit à un phénomène de tirage semblable à celui que nous produisons à l'aide de nos cheminées, soit à un phénomène inverse. La formation et là précipitation des vapeurs et les autres circonstances accessoires qui interviennent dans ces agitations se rapportent toujours aux mêmes causes, c'est-à-dire à des phénomènes d'échauffement et de refroidissement.

Les vents généraux et permanents qui constituent proprement la circulation générale de l'atmosphère sont les *alizés* et les *contre-alizés.* D'après le savant météorologiste F. Maury, ils partagent la surface du globe en neuf zones. La zone centrale est celle des calmes de l'équateur, où l'air fortement échauffé est animé d'un mouvement ascensionnel, et vers laquelle afflue incessamment l'air plus froid des deux hémisphères. Au nord de cette première zone se trouve celle des alizés du N.-E., et au sud celle des alizés du S.-E. Nous voyons ici une preuve de la déviation que le mouvement diurne de la terre fait subir aux grands courants qui, du nord et du sud, se dirigent vers le foyer équatorial. Au delà des alizés, on rencontre deux nouvelles zones de calme : celle du Cancer et celle du Capricorne; puis viennent, au sud les contre-alizés du N.-O., et au nord les contre-alizés du S.-O.; enfin, aux pôles, aucun courant ne se fait sentir, ce qui donne encore deux zones extrêmes de calme. Maury a représenté cette distribution des courants et des calmes constants par une figure qu'il nomme le *diagramme des vents.*

En résumé, les alizés ne sont autre chose que les deux grands courants froids de surface qui, de chaque hémisphère, arrivent au foyer équatorial suivant une direction rendue oblique par la rotation terrestre. Ils apportent là des masses d'air qui s'échauffent, se dilatent, s'élèvent et forment deux courants supérieurs et divergents, lesquels vont remplacer au pôle l'air qui en avait été déplacé. Ce sont ces deux courants de retour que Maury appelle les contre-alizés. L'atmosphère est ainsi, comme l'Océan, le siège d'un vaste système de courants et de contre-courants, qui mélangent continuellement ses parties les plus éloignées, et assurent l'identité de sa composition.

La prédominance des terres, leur configuration et leurs reliefs accidentés, et, plus que tout cela, les différences de température entre les continents asiatique, africain et australien qui enserrent l'océan Indien, troublent, ou plutôt modifient dans cet océan la régularité de l'alizé du nord-est, et transforment ce vent constant en deux courants périodiques alternatifs, qui soufflent chacun très régulièrement pendant six mois de l'année. Ces deux courants sont connus sous le nom de *moussons,* qui n'est qu'une corruption du mot arabe et malais *moussin* (saison). L'alizé du sud-est, qui règne dans la partie méridionale de l'océan Indien, n'éprouve aucune perturbation; mais dans la partie septentrionale, au nord de l'équateur, le vent du nord-est ne souffle que d'octobre en avril; c'est un vent de sud-ouest, au contraire, qui souffle d'avril en octobre. Le premier est, pour l'Inde, la mousson d'hiver, et le second, la mousson d'été.

L'alternance des moussons s'explique par celle des saisons, entre les deux hémisphères austral et boréal. Pendant l'hiver de l'hémisphère boréal, l'été règne dans l'hémisphère austral; alors la température du continent asiatique se refroidit, tandis que les contrées et les mers situées au sud de l'équateur, l'Afrique et la Nouvelle-Hollande, reçoivent du soleil une plus grande quantité de chaleur. Il se forme, en conséquence, un courant qui va des régions les plus froides vers les régions les plus chaudes, c'est-à-dire du nord au sud, mais qui, dévié par la rotation de la terre, prend la direction du nord-est. Durant l'autre moitié de l'année, les phénomènes se renversent : c'est l'hémisphère boréal qui est dans la saison chaude, et l'hémisphère austral qui est dans la saison froide. La mousson souffle donc du sud au nord; ou plutôt, — en raison de la position du continent asiatique par rapport au continent africain et à l'Australie, d'où arrive surtout l'air froid; en raison aussi du mouvement terrestre, que doivent devancer des masses d'air s'éloignant de l'équateur, — la mousson arrive du sud-ouest. Les deux périodes sont parfois séparées par un calme plus ou moins prolongé; mais ordinairement le changement de mousson se fait d'une façon très brusque et sans transition.

Ce n'est pas seulement dans l'Asie méridionale et dans l'océan Indien qu'on rencontre des moussons ou vents réguliers; mais leur périodicité change selon les climats. Ceux de la Méditerranée sont appelés vents étésiens (du grec ἔτος). Ce sont les *etesiæ* des anciens.

Outre les vents dont nous venons de parler, et qu'on peut appeler « à grandes périodes », on observe dans un bon nombre d'endroits, surtout au bord de la mer, des vents qui changent soir et matin, par suite de l'échauffement et du refroidissement alternatifs résultant du rayonnement solaire pendant le jour, et du rayonnement terrestre pendant la nuit. C'est ce qu'en météorologie on nomme les *brises journalières*, ou simplement les *brises*. Dans les contrées maritimes, on dit souvent aussi vents de terre et brises de mer.

L'alternance de ces vents s'explique par l'échauffement inégal de la terre et de la mer. Vers neuf heures du matin, la température est à peu près la même sur la terre et sur la mer, et l'air est en état d'équilibre. A mesure que le soleil s'élève au-dessus de l'horizon, le sol s'échauffe plus que l'eau; il en résulte un vent de terre supérieur, qu'on reconnaît souvent à la marche des nuages élevés, et une brise marine soufflant en sens contraire. Au moment du *maximum* de température de la journée, cette brise acquiert sa plus grande force; mais vers le soir, l'air de la terre se refroidit, et au coucher du soleil il a la même température que l'air marin. Il en résulte quelques heures de calme parfait. Pendant la nuit la terre se refroidit plus que l'eau, et il règne un vent de terre dont le *maximum* de force coïncide avec ce moment du *minimum* de la température des vingt-quatre heures, qui est aussi celui où la différence de température entre la terre et la mer est la plus grande possible.

M. Fournet, professeur à la faculté des sciences de Lyon, a constaté qu'il existe, dans les pays montagneux, des brises de jour et de nuit tout à fait semblables aux brises de mer. Le matin, il s'établit, le long des flancs des montagnes, un courant ascendant qui persiste pendant la plus grande partie de la journée, mais qui, le soir, est remplacé par un courant descendant. Ces brises sont bien connues des montagnards, ainsi que des habitants des vallées, qui les désignent dans leurs dialectes respectifs sous les noms de *vésine*, de *pontias*, de *rebas*, d'*aloup du ben*, de *solore*, etc. M. Fournet explique le courant ascendant du matin par l'action calorifique du soleil levant sur les versants et les cimes des montagnes, et le courant descendant du soir par l'échauffement de la plaine, beaucoup plus considérable pendant le jour que celui de la montagne.

Nous savons tous combien, dans les climats tempérés où nous vivons, les vents sont variables. Ce n'est pas certes dans la zone des alizés qu'on eût inventé ce proverbe, si populaire chez nous : « Changeant comme le vent. » C'est que la zone intermédiaire, qui n'engendre point de grands courants, est le lieu où se rencontrent tous les vents généraux allant soit de l'équateur au pôle, soit du pôle à l'équateur. Ces vents, ayant alors perdu en grande partie leur température et leur impulsion premières, sont susceptibles de se modifier, et se modifient en effet, sous l'influence d'une multitude de causes. Toutefois leur mutabilité n'est pas telle, qu'on ne puisse reconnaître dans chaque région la prédominance de certains vents ou leur retour à des époques assez régulières, et que leurs changements ne soient soumis à des lois qu'il est possible de déterminer. Ainsi M. Dove a reconnu qu'en Europe les vents se succèdent généralement dans l'ordre suivant : sud, sud-ouest, ouest, nord-ouest, nord, nord-est, est, sud-est, sud ; et il a justement assimilé cette rotation à celle des aiguilles sur le cadran d'une horloge : elle s'accomplit, en effet, dans le même sens. Il a constaté en outre, — et c'est ce que tout le monde est à même de vérifier, — que cette succession des vents a surtout lieu en hiver avec une grande régularité, et qu'elle se relie d'une manière à peu près constante aux oscillations du baromètre et du thermomètre, en un mot, aux changements de temps.

De même que les montagnes aux neiges éternelles communiquent au vent du nord, déjà froid naturellement, une température très basse, de même aussi les grandes plaines arides, brûlées par le soleil, absorbent rapidement d'énormes quantités de chaleur qu'elles renvoient au fur et à mesure à l'atmosphère; en sorte que lorsque les déserts de l'Afrique, par exemple, sont balayés par le vent du sud ou du sud-est, ce vent acquiert dans sa marche une température de plus en plus élevée et une vitesse de plus en plus grande. Il soulève et entraîne, en outre, des nuages de poussière et de sable qui achèvent de le rendre presque irrespirable. Tel est le vent du sud-est si fréquent dans les déserts de l'Afrique et de l'Arabie, et si redouté des voyageurs qui traversent ces grandes mers de sable pendant la saison chaude. En Arabie, en Perse et dans la plupart des contrées de l'Orient, ce vent est connu sous les noms de *simoun*, de *semoun* ou de *samoun*, dérivés de l'arabe *samma*, qui signifie poison. Dans la partie occidentale du Sahara, on l'appelle *harmattan;* en Égypte, on le nomme *chamsin* (cinquante), parce qu'il souffle chaque année pendant cinquante jours environ, depuis la fin d'avril jusqu'en juin, époque où commence l'inondation du Nil. La plupart des auteurs le désignent de préférence sous le nom de *simoun*, et ceux qui en connaissent l'étymologie ne manquent pas d'insister sur sa signification terrible, et sur les ravages qu'il cause, « sans réfléchir, dit Kaemtz, que, semblables aux enfants, les peuples non civilisés appellent poison tout ce qui est désagréable ou dangereux. » Le fait est que le simoun, lorsqu'il souffle pendant plusieurs jours de suite, ce qui est rare, peut devenir funeste aux hommes et aux animaux qu'il surprend au milieu du désert. Sa haute température et la vitesse dont il est animé déterminent à la surface du corps une évaporation rapide, qui sèche la peau, accélère outre mesure la respiration, enflamme le gosier et cause une soif dévorante. En même temps il vaporise l'eau dans les outres, et prive ainsi les malheureux voyageurs des moyens d'étancher l'ardeur qui les consume. Le sable brûlant dont il est chargé, et qui pénètre dans les yeux et dans les voies respiratoires, met le comble à leurs souffrances. On sait que le simoun anéantit jadis l'armée de Cambyse. Bien des fois depuis, ce vent a fait périr des caravanes entières, et, il y a quelques années seulement, il faillit être funeste au corps d'armée que commandait le général Desvaux.

L'harmattan, très fréquent dans le Sahara occidental, où il souffle souvent cinq à six et quelquefois quinze jours de suite, est accompagné, dit M. A. Maury, d'un brouillard si obscur, qu'on n'aperçoit le soleil que pendant quelques heures après midi. Il dépose sur les plantes et sur la peau une poussière minérale, ordinairement blanche; il dessèche avec une incroyable rapidité les végétaux et tous les objets humides. Tout craque et se fend. Les nègres, pour échapper aux douleurs cuisantes que l'harmattan leur cause aux yeux, aux lèvres, au palais et sur les membres, ont soin de s'enduire de graisse tout le corps.

Ce n'est pas seulement dans les déserts de sable de l'Afrique et de l'Asie que les vents chauds sont à redouter, mais dans presque toutes les contrées continentales voisines des tropiques. Dans l'Inde, ces vents sont connus sous le nom de *souffle des diables*. Ils sévissent fréquemment durant la saison sèche, et répandent dans les campagnes, et jusque dans les villes, l'effroi et la dévastation. Les effets délétères de ces vents ont été sans doute, comme ceux du simoun, fort exagérés. La qualification de souffles empoisonnés que leur appliquent, par exemple, deux historiens anglais, William Thorn et John Macdonald Kimseil, est évidemment hyperbolique. Il est certain toutefois que des vents animés d'une vitesse formidable, emportant avec eux des flots de sable, et dont la température s'élève à 40° et plus, doivent exercer sur leur parcours une action malfaisante, et devenir surtout funestes aux Européens, qui ne savent nullement s'en garantir. A la Louisiane, au Chili, dans les *llanos* ou *pampas* de l'Orénoque, on redoute aussi certains vents brûlants et, dit-on, malsains. Sur les côtes de la Nouvelle-Hollande, les vents de terre ont également une très haute température.

Le simoun.

Enfin, dans l'Europe méridionale règnent souvent en été des vents chauds, appelés *sirocco* en Italie et *solano* en Espagne. Ces vents ont probablement la même origine que le simoun. Kaemtz suppose cependant que, dans certains cas, ils peuvent prendre naissance sur les rochers arides de la Sicile ou dans les plaines de l'Andalousie.

On peut considérer comme appartenant à la même famille que le *sirocco* et le *solano*, probablement même le *simoun,* le vent chaud qui à certaines époques de l'année souffle sur la Suisse, quelquefois avec la violence d'un véritable ouragan. Ce vent est connu dans le pays sous le nom de *fœhn*. M. W. Hüghes, major du génie des armées de la Confédération, en parle comme il suit dans son livre intitulé *les Glaciers* [1] :

« Dans les Alpes, le fœhn, plus actif encore que le soleil, peut, d'après les expériences faites à Grindenwald, diminuer de 60 à 70 centimètres en douze heures l'épaisseur de la couche de neige. Né dans les sables du Sahara, le fœhn traverse la Méditerranée et se précipite sur les contreforts des Alpes avec une violence quelquefois extrême. Son arrivée est annoncée par une baisse subite du baromètre, et produit une prostration complète des forces.

« Quand il souffle avec une semblable violence, le fœhn prend les proportions d'un fléau ; ajoutons toutefois que rarement, et seulement aux environs des équinoxes, il atteint le paroxysme de sa fureur. Le plus souvent il aborde les Alpes en bienfaiteur. Dès le mois d'avril il attaque l'hiver, qui depuis huit mois régnait sans partage, et le force à gagner les hauteurs ; souvent aussi ce qu'il a conquis en huit jours il le perd en une seule nuit de tourmente : l'hiver redescend et reprend l'avantage. Cependant, à force d'assauts réitérés et persévérants, le printemps est vainqueur, et l'hiver se retranche sur ses hauteurs inexpugnables, d'où il ne descendra qu'en septembre pour prendre sa revanche... Le fœhn est tellement la condition essentielle de l'été, que les montagnards, témoins chaque année de ces luttes, ont coutume de dire : « Le bon Dieu et le soleil doré ne peuvent rien contre la « neige si le fœhn ne leur vient en aide. »

---

[1] Un vol. gr. in-18; Paris, 1867. Challanel aîné, éditeur.

CHAPITRE XIV

LES TEMPÊTES — LES CYCLONES

L'atmosphère est sujette à des perturbations, à des convulsions dont la violence, l'étendue, la durée peuvent varier considérablement, et qui revêtent en outre, selon la cause qui les produit, des caractères tout différents. Il importe donc de distinguer ces phénomènes les uns des autres; de ne point confondre les orages avec les tempêtes, les trombes avec les cyclones. Les orages sont des phénomènes essentiellement électriques. Les trombes paraissent avoir la même origine. Les tempêtes et les ouragans ne sont autre chose que des vents animés d'une très grande vitesse et dus, comme tous les vents, à des ruptures d'équilibre produites dans la masse atmosphérique par la dilatation ou la contraction de l'air, par l'évaporation ou la précipitation abondante et rapide des grandes quantités d'eau dans une région circonscrite, par le renversement des courants périodiques, etc.

On se rappelle que c'est à partir de la vitesse de vingt-cinq à trente mètres par seconde que, pour les marins, le vent perd son doux nom de *brise*, et devient bourrasque, puis tempête ou tourmente, puis enfin ouragan. Ce dernier terme exprime le plus haut degré de force que puisse atteindre le vent. Il correspond à une vitesse de cent cinquante à cent soixante-dix kilomètres par heure. Mais les tempêtes ne diffèrent pas seulement par leur plus ou moins d'intensité : elles se distinguent encore les unes des autres, d'une manière beaucoup plus tranchée, par la nature de leur mouvement, qui peut être rectiligne ou gyratoire. Sous les zones tempérées ou polaires, les tempêtes rectilignes sont de beaucoup les plus fréquentes, tandis que sous les tropiques on a surtout à redouter les tempêtes tournantes ou cyclones. Les vents de saison, tels que le *mistral* et le *gallego* des côtes de la Méditerranée, le *simoun* des déserts de l'Afrique et de l'Asie, le *souffle des diables*, les *pamperos* (vents des pampas de l'Amérique méridionale), le *sirocco* et le *solano* d'Italie et d'Espagne, prennent d'ordinaire toute la violence de véritables tempêtes. Les vents de nord-ouest, notamment, rendent très dangereux, en hiver, la navigation de la Méditerranée et les abords de la côte africaine.

Il ne faudrait pas prendre trop à la lettre la qualification de recti-lignes qu'on applique aux tempêtes de nos climats. En réalité, ces tempêtes suivent d'ordinaire une courbe plus ou moins flexueuse ; mais leur mouvement de translation ne se complique pas, comme celui des cyclones, d'un mouvement de rotation sur elles-mêmes. Elles embrassent souvent une immense étendue en largeur, parcourent avec une extrême rapidité plusieurs centaines de lieues, et ne s'arrêtent, en perdant peu à peu leur vitesse, qu'après avoir marqué leur passage sur la mer et sur les continents par de terribles ravages. Des observations barométriques faites méthodiquement sur un grand nombre de points à la fois ont permis d'analyser ces météores, et d'en déterminer, pour ainsi dire, le mécanisme.

En Europe, la plupart des tempêtes viennent de l'ouest ou du sud-ouest ; mais lorsqu'elles suivent cette dernière direction, qui est la plus ordinaire, il n'est pas rare qu'arrivées à une certaine hauteur, rencontrant un courant du nord ou du nord-est, elles se détournent brusquement, redescendent vers le sud, et quelquefois reprennent de nouveau leur direction primitive. Quelques météorologistes les considèrent comme les contre-coups des cyclones de la zone torride. Cette opinion est d'autant plus vraisemblable, que ces tempêtes surviennent généralement dans la saison où les cyclones se déchaînent au-dessous de l'équateur. Quoi qu'il en soit, elles ne sont pas moins dangereuses pour les navigateurs que leurs congénères des régions tropicales. Leur passage à travers l'océan Atlantique et leurs apparitions dans la Méditerranée sont toujours signalés par d'innombrables sinistres de mer. A terre, elles perdent beaucoup de leur force, et n'occasionnent guère dans les villes et dans les campagnes que des dégâts relativement insignifiants.

Une de celles qui ont laissé parmi les marins les plus lugubres souvenirs, est la tempête du mois de novembre 1703. Le célèbre auteur de *Robinson Crusoé*, Daniel de Foe, en a laissé une monographie très détaillée, publiée en 1704. Elle atteignit son maximum d'intensité dans la nuit du 26 novembre, et fit d'affreux ravages sur les côtes de l'Angleterre et des Pays-Bas, et dans presque toute l'Europe septentrionale.

MM. Zurcher et Margollé parlent d'une autre tempête qui, en 1836, commença à Londres, aussi au mois de novembre, vers dix heures du matin, et qui, le même jour, atteignit la Haye à une heure, Emden à quatre, Hambourg à six, Stettin à neuf heures et demie. Sa vitesse était donc, en moyenne, de trente mètres par seconde. Michelet, dans *la Mer,* a décrit avec son inimitable talent la tourmente d'octobre 1859 (toujours du sud-ouest), qui dura cinq jours et cinq nuits, et sema de

naufrages toutes nos côtes occidentales. Des tempêtes non moins violentes ont sévi sur l'océan Atlantique et sur l'Europe, en octobre 1862,
et au commencement de décembre 1863.

Nous voici arrivés aux véritables ouragans (*hurracan*, mot indien ou
caraïbe)[1], aux terribles tempêtes tournantes des régions tropicales.
Ces tourbillons sont surtout fréquents dans la zone des calmes de
l'équateur; car l'état d'équilibre auquel ces calmes sont dus n'est rien
moins que stable : la moindre perturbation dans le régime des vents
périodiques le renverse, et l'on voit alors succéder à l'immobilité de
l'air des tempêtes justement redoutées des marins qui fréquentent ces
parages, et des hommes qui ont fixé leur demeure sur les côtes et
dans les îles de l'océan Indien ou de la mer des Antilles. Les premiers
navigateurs portugais et espagnols qui furent à même de les observer
les avaient désignés sous les noms de *travados* et de *tornados*. Dans
les Indes et dans l'Indo-Chine, on les appelle *typhons*. Enfin le savant
ingénieur anglais Piddington, qui les a particulièrement étudiés, et
qui a indiqué le premier la loi de leur mouvement, leur a donné le
nom de *cyclones*, que les météorologistes ont définitivement adopté. Ce
nom est assez justifié par le double mouvement de rotation sur eux-
mêmes et de translation en ligne courbe qui est le caractère propre
des ouragans dont nous parlons.

M. L. Maillard, dans son savant ouvrage intitulé *Notes sur l'île de
la Réunion*, cite un fait qui ne peut laisser aucun doute sur la marche
particulière aux cyclones. Il y a quelques années, le navire *la Maria*,
déclaré incapable de tenir la mer, dut, à l'approche d'un cyclone, et
par ordre supérieur, être abandonné dans la rade de Saint-Denis.
Ayant chassé sur ses ancres, il fut entraîné au large par le tourbillon.
Dieu sait quelle route il fit, quelle courbe immense il décrivit, emporté ainsi par la tourmente. Le fait est que le lendemain il reparut
au sud-ouest de l'île, en vue de Saint-Leu, où il eût été jeté à la côte
si, par bonheur, ses ancres, qu'il avait toujours traînées avec lui, ne
se fussent accrochées au fond; de telle sorte qu'il resta mouillé sur la

---

[1] Dans la *Description de l'Inde occidentale* adressée à Charles-Quint par Fer-
nando de Oviédo, on lit ce qui suit relativement aux superstitions des Indiens
de la terre ferme :

« Quand le démon veut les terrifier, il les menace du *hurracan*, ce qui veut
dire tempête. Le hurracan se lève si violemment, qu'il renverse les maisons et
arrache beaucoup d'arbres. J'ai vu des forêts profondes entièrement détruites sur
l'espace d'une demi-lieue en longueur et d'un quart de lieue en largeur; tous les
arbres, grands et petits, étaient déracinés. C'était un spectacle si terrible à voir,
qu'il paraissait être sans nul doute l'ouvrage du diable : on ne pouvait le considérer sans terreur. » (*Les Tempêtes*, par MM. Margollé et Zurcher, note 8.)

rade, où il supporta bravement le reste de la tempête. Ce fut là que son équipage vint le reprendre pour le conduire à Maurice, où il fut réparé.

« S'il n'y avait eu que *rotation*, dit M. Maillard, le tourbillon eût naturellement ramené le navire à son point de départ; mais comme il fut soumis aussi au mouvement général de *translation* du cyclone, qui voyageait du N.-E. au S.-O., c'est à Saint-Leu qu'il vint si heureusement faire côte. »

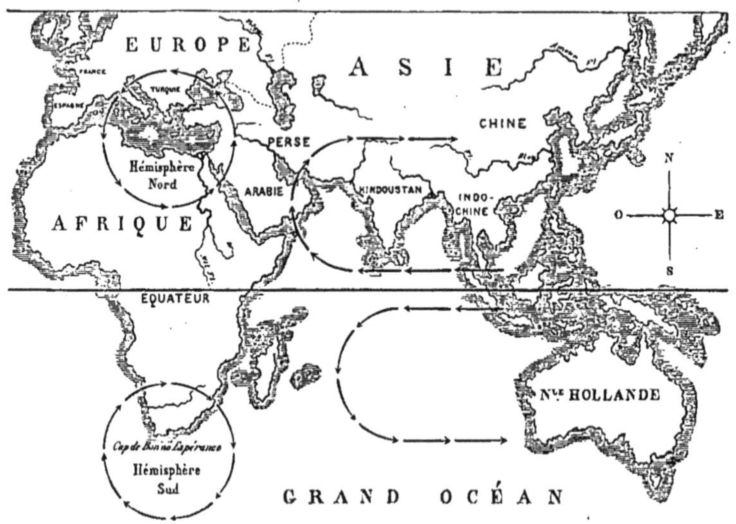

Mouvement de rotation et de translation des cyclones.

Les cyclones, ces grandes convulsions de l'atmosphère, qu'on a comparées aux maladies de l'organisme, ne sont, non plus que celles-ci, soumises au hasard. Dans ces désordres, il y a encore un certain ordre; car ce sont, en définitive, des phénomènes naturels, et aucun phénomène, quel qu'il soit, ne se produit qu'en vertu de certaines lois. Or, de même que les médecins peuvent tracer à l'avance la marche d'une maladie, en indiquer les prodromes, les symptômes, la durée et la terminaison probables, de même aussi les météorologistes connaissent les signes précurseurs et la marche des spasmes de l'océan aérien. Romme, Redfield, Maury, Keller, Dove et Piddington ont déterminé la loi qui préside à leur foudroyante évolution.

« La loi principale des cyclones, dit M. Maillard, est leur tourbillonnement, qui, dans l'hémisphère nord, marche en sens inverse des aiguilles d'une montre, et dans l'hémisphère sud, marche dans le même sens que ces aiguilles. Ce tourbillonnement, dont la vitesse, quelquefois assez faible, peut aller jusqu'à cent et deux cent milles à l'heure, s'opère autour d'un centre qui lui-même a un mouvement de translation dont la direction est variable, mais à peu près connue. Ainsi, vers l'équateur, ce mouvement va de l'est à l'ouest, puis s'infléchit vers le nord ou le sud, dans l'hémisphère nord ou sud. Par 20° ou 25° la ligne de translation se courbe de plus en plus, finit par devenir nord et sud par 25° ou 30° et décrit ensuite une autre partie de parabole à peu près semblable à la première.

« Le mouvement de translation des cyclones, qui varie d'un à cinq milles à l'heure, est en moyenne de cinq à dix milles, et leur diamètre entre cinquante et cent milles. (Dans les mers de Chine, la marche des typhons varie quant à la direction de translation ; la loi des cyclones ne peut donc s'appliquer entièrement à ce phénomène.) »

La figure ci-dessus, dessinée d'après celle que M. Maillard a donnée dans son ouvrage, représente le double mouvement de rotation circulaire et de translation parabolique des cyclones. On peut d'ailleurs se faire une idée très exacte de ces formidables ouragans, en considérant les petits tourbillons de vent rendus visibles par la poussière qu'ils soulèvent sur nos routes, sur nos promenades, et qui sont, pour ainsi dire, des miniatures de cyclones. Au centre du météore, il règne ordinairement un calme relatif, quelquefois même un calme absolu, qu'on attribue à la raréfaction de la colonne d'air autour de laquelle le cyclone tourne comme un immense anneau : c'est l'axe, ou, comme disent les Espagnols, l'*œil* de la tempête. Il n'est pas rare de voir en ce point les nuages se dissiper, l'azur ou les étoiles du ciel apparaître un instant ; ou, si la région du calme est très restreinte, le centre du cyclone se révèle seulement par un cercle plus pâle dessiné sur le sombre voile des nuages.

C'est pourtant près de ce centre que la force du tourbillon est le plus à craindre ; en sorte que les marins surpris par l'ouragan doivent, avant tout, chercher à s'éloigner de son centre et de sa ligne de translation présumée. Lorsque les vents sont bien établis, le vent régnant étant tangent au cyclone, « le centre se trouve toujours sur la perpendiculaire intérieure à la direction du vent, c'est-à-dire à droite de la marche du vent dans l'hémisphère sud, et à gauche dans l'hémisphère nord. » (Maillard.)

Les cyclones s'annoncent d'ailleurs, assure-t on, plusieurs jours à l'avance par des signes auxquels ne se méprennent guère les habitants des contrées tropicales et les marins accoutumés à naviguer dans ces parages.

« Sous l'effort de l'ouragan, disent MM. Margollé et Zurcher, une immense partie de l'atmosphère est entrée en vibration. Bientôt aussi une longue houle se lève ; la mer brise sur les rochers et se couvre d'écume.

« Durant cinq à six jours, de nombreux cirrus se forment dans le ciel encore clair. Ces nuages légers et très élevés, composés de fines aiguilles de glace, se dissolvent bientôt en une couche blanchâtre, laiteuse, dans laquelle on voit fréquemment des halos. De lourdes nuées leur succèdent, en même temps qu'une panne sombre se montre à l'horizon.

« Tous les observateurs parlent de l'étrange couleur que revêtent les nuages au lever et au coucher du soleil. L'aspect du ciel est menaçant. Un brouillard rouge, qui teint à la fois la mer et le ciel, s'étend sur tous les objets, et donne au soleil cette couleur sanglante que Virgile, dans ses *Géorgiques,* indique comme un signe précurseur des tempêtes. Le phénomène, assez rarement, il est vrai, dure pendant la nuit, aux clartés de la lune, et la mer se couvre en même temps de lueurs phosphorescentes. Quelquefois le vent alizé, qui soufflait en brise régulière, tombe pendant vingt-quatre heures ; le calme règne, interrompu seulement par quelques bouffées d'air chaud, étouffant. La nature semble réunir toutes ses forces pour accomplir l'œuvre de dévastation qui va marquer le passage funeste du météore.

« Chacun se réfugie dans les endroits les moins élevés et les plus couverts, quelquefois dans une *maison d'ouragan,* solidement construite en pierres de taille. L'impression produite sur les animaux est surtout remarquable. Ils semblent agités par une vive anxiété. Les oiseaux de mer rallient de toutes parts la terre, où ils cherchent un abri contre les fureurs de la tempête qu'ils pressentent.

« Le banc de nuages noirs aperçu à l'horizon se couronne souvent d'une immense flamme électrique. Dans la mer de Java, suivant Piddington, des éclairs multipliés *s'en écoulent,* semblables à une cascade lumineuse. Quelquefois des rayons s'élèvent simultanément au-dessus d'une frange pourprée, comme dans les aurores boréales... A partir de l'instant où tombent les premières rafales, la violence de la tempête s'accroît jusqu'au voisinage du centre. Une épaisse voûte de nuages a couvert le ciel. De l'abîme ténébreux, la pluie, souvent la grêle, se précipitent comme des torrents, et se mêlent à l'écume que le vent arrache à la mer.

« Au commencement des cyclones, un bruit sourd, étrange, s'élève quelquefois et tombe « avec un gémissement semblable à celui du vent « dans les vieilles maisons pendant les nuits d'hiver ». (Piddington.) Un bruit anologue, qui vient du large et qui annonce les tempêtes, est connu en Angleterre sous le nom d'*appel de la mer.* Les rafales qui déchirent l'air pendant le cyclone font entendre, disent les relations, comme un rugissement de bêtes sauvages, un effroyable tumulte de voix sans nombre et de cris de terreur. Sur le passage du centre, un bruit formidable ressemblant à des décharges d'artillerie, un continuel grondement de tonnerre, la voix même de l'ouragan, éclate et domine tout.

« Près de ce centre, où le plus grand vide se produit, le vent paraît décrire, en s'élevant, une spirale immense. Sa furie redouble. Dans l'axe du cyclone, une puissante succion élève la mer en montagne conique, et forme la lame de tempête qui, en avançant sur la surface de l'Océan, inonde les côtes et produit le terrible phénomène des *ras de marée* [1]. »

En résumé, les lois qui régissent les cyclones, les signes qui les précèdent et les symptômes qui les caractérisent sont aujourd'hui assez bien connus pour qu'on ait pu tracer aux marins, avec certitude, la conduite à tenir, les manœuvres à exécuter, soit pour éviter le météore, soit pour diminuer notablement les périls dont il menace ceux qui n'ont pu s'écarter à temps de son chemin. On distingue, en effet, dans le cyclone, un côté dangereux et un côté maniable : le côté dangereux est celui où la vitesse du vent est égale au mouvement de rotation plus le mouvement de translation; le côté maniable est celui où la vitesse est égale au premier mouvement diminué du second. D'où il suit que si l'on n'a pu éviter le cyclone on doit, s'il est possible, se jeter dans le côté maniable.

Il existe donc des règles pratiques de manœuvres qui mettent les navires à même d'éviter, dans une certaine mesure, les dangers de ces tourmentes atmosphériques : ces règles, formant ce qu'on appelle la *loi des tempêtes,* sont dues à Piddington, Ried et Redfield; elles ont été souvent mises en doute, et M. Faye, membre de l'Académie des sciences, qui depuis plusieurs années s'occupe activement de cette question, a pris leur défense dans l'*Annuaire du Bureau des longitudes* pour 1875.

Mais quelle est la cause qui produit au sein de l'air ces effroyables convulsions? Nul encore n'a pu trouver à cette question une réponse vraiment satisfaisante. Il est certain que cette cause est fort complexe; qu'il faut la chercher dans un concours de circonstances dérivant à la fois de la constitution météorologique des zones tropicales, et du régime des vents pendant la saison chaude dans ces régions. Mais ce

---

[1] Je laisse à MM. Margollé et Zurcher la responsabilité de cette explication des ras de marée : explication très contestable, et à laquelle on en a opposé d'autres également hypothétiques. Voyez, à ce sujet, le chapitre v de la seconde partie des *Mystères de l'Océan.*

sont là des données vagues, dont il est bien difficile de tirer une explication précise. On n'a pas beaucoup avancé le problème en disant que les cyclones sont engendrés par les courants d'air qui, de points opposés, se précipitent vers les endroits où l'air est fortement échauffé par les rayons du soleil, et qui, dans leur parcours, rencontrent la surface de l'Océan où l'évaporation et, par suite, la tension électrique sont très intenses. Cette théorie générale s'applique également à toutes les tempêtes, à tous les vents : elle ne rend point compte des propriétés spéciales des cyclones et du double mouvement qui leur est propre. Il serait superflu de discuter une question à laquelle la science n'a fait jusqu'ici que des réponses hypothétiques. Nous nous en tiendrons, en conséquence, après les quelques observations ci-dessus, à l'étude du météore considéré en lui-même et dans ses plus remarquables effets.

Les cyclones se produisent toujours, ainsi que je viens de le dire, dans la saison la plus chaude. Aux îles Mascareignes, où ils sont si fréquents et si funestes, ils surviennent ordinairement en décembre, janvier ou février; jamais plus tard qu'en mars. Ils sont souvent doubles ou triples, c'est-à-dire qu'ils se composent de deux ou trois cyclones qui se meuvent presque parallèlement. Meldrum, directeur de l'observatoire de l'île Maurice, a découvert qu'un cyclone n'est pas seul; il est suivi d'un *anticyclone* de sens contraire, lequel peut être lui-même suivi d'un cyclone de sens direct, et ainsi de suite. En outre, cet auteur pense que le mouvement de l'air est en spirale et non circulaire, comme l'a dit M. Bridet, officier de notre marine. De là, d'après Meldrum, un changement dans la règle que les marins doivent suivre pour fuir le centre; celle de Bridet est encore usitée; elle n'est pas sûre quand on est trop près du centre. Dans les hautes latitudes, les cyclones perdent de leur intensité, et se transforment en tempêtes, ou coups de vent rectilignes : leur côté appelé dangereux, — celui où les vitesses de rotation et de translation s'ajoutent, — se faisant seul sentir. Le commandant Maury a le premier fait remarquer que les perturbations atmosphériques, et notamment les cyclones, sont surtout fréquentes aux abords des grands courants océaniques, et que le Gulf-Stream, par exemple, joue un rôle important dans les mauvais temps de l'Atlantique. On observe cependant aussi, quoique plus rarement, des tempêtes tournantes dans la Méditerranée. Il paraît prouvé que le naufrage de la *Sémillante*, qui périt pendant la guerre de Crimée sur les écueils du canal Bonifacio, entre la Corse et la Sardaigne, fut causé par un véritable cyclone, dont la violence mit en défaut toute l'habileté des excellents officiers qui commandaient ce navire.

Les cyclones sont ordinairement accompagnés de pluies torrentielles et de phénomènes électriques, qui se manifestent surtout pendant le passage de la seconde moitié du tourbillon. Quelquefois aussi on voit des trombes apparaître dans leur axe. Cette circonstance explique la confusion que beaucoup d'auteurs ont faite entre ces deux phénomènes, très distincts cependant quant à leur cause, à leur mode de production, à leur aspect et à leur action. Il ne faudrait pas croire, du reste, que les prodromes et les symptômes des tempêtes tournantes se reproduisent partout et toujours d'une façon identique. Ces phénomènes varient, dans de certaines limites, d'une contrée à l'autre. D'après le médecin anglais Boyle, qui a séjourné sur la côte occidentale d'Afrique, les *tornados* de ces parages s'annoncent par une petite tache claire, de couleur argentée, qui apparaît d'abord à une grande hauteur dans le ciel, puis descend avec lenteur vers l'horizon en grandissant. A mesure qu'elle approche, cette tache s'entoure d'un anneau noir qui s'étend dans toutes les directions, et finit par l'envelopper d'une obscurité impénétrable. « A ce moment, dit le docteur Boyle, la vie semble suspendue sur la terre et dans l'atmosphère; une inquiète attente oppresse tous les êtres. L'esprit resterait abattu sous le coup d'une terreur anticipée, s'il n'était relevé par l'éclair d'une large flamme électrique, par les grondements de la foudre qui se rapproche rapidement, et dont les éclats deviennent formidables. Alors un tourbillon terrible se précipite avec une incroyable violence de la partie la plus sombre de l'horizon, enlevant les toits, brisant les arbres et désemparant les navires qu'il surprend. A ce tourbillon succède un déluge de pluie, qui tombe à torrents et termine cette affreuse convulsion. »

Le caractère essentiel commun à tous les cyclones, c'est la vitesse extraordinaire du vent, vitesse qu'aucun instrument ne peut mesurer, et qu'on n'évalue à peu près que par ses effets. On l'a comparée à celle d'un boulet de canon, au quadruple de celle d'une locomotive lancée à toute vapeur. Ces comparaisons ne semblent point hyperboliques, lorsqu'on songe à la force effrayante que l'air, ce fluide si léger, d'une si faible masse, acquiert par la seule rapidité de son mouvement.

Dans l'ouragan qui dévasta la Guadeloupe le 25 juillet 1825, des maisons solidement bâties furent renversées, et un édifice neuf, construit aux frais de l'État avec la plus grande solidité, eut une aile entière complètement rasée. Le vent avait imprimé aux tuiles une telle vitesse, que plusieurs pénétrèrent dans les magasins à travers des portes et des volets très épais. Une planche de sapin qui avait un mètre de long, vingt-cinq centimètres de large et vingt-trois millimètres d'épaisseur, se mouvait dans l'air avec une telle rapidité, qu'elle traversa d'outre en outre une tige de palmier de quarante-cinq centimètres de diamètre. Une pièce de bois de quatre à cinq mètres de long et de vingt centimètres d'équarrissage, projetée par le vent sur une route empierrée, battue et fréquentée, pénétra dans le sol de près d'un mètre. Une belle grille de fer, servant de clôture à la cour du palais du gouverneur, fut descellée et rompue. Enfin trois canons de vingt-quatre furent poussés par le vent jusqu'à la rencontre de l'épaulement de leur batterie.

L'année 1874 a eu à enregistrer un des plus violents phénomènes de ce genre que l'on eût encore étudiés. Une des missions envoyées en Asie par notre Académie des sciences pour observer le passage de Vénus sur le soleil, au mois de décembre 1874, était dirigée, comme on sait, par M. Janssen, membre de l'Institut. Cette mission, se rendant à Yokohama, au Japon, s'embarqua le 16 août 1874, à Marseille, sur l'*Ava*, paquebot des Messageries maritimes, et arriva en rade de Hong-Kong le 22 septembre. Quelques heures avant, un typhon furieux avait complètement dévasté cette ville, le port et les environs. Cinq navires à vapeur et un grand nombre de bâtiments à voiles avaient péri dans ce désastre, qui a coûté la vie à plus de mille personnes. Par bonheur, les bâtiments des Messageries et ceux de la Compagnie péninsulaire et orientale avaient échappé, sans avaries graves, à ce terrible sinistre.

On avait un moment conçu de vives craintes sur la mission conduite par Janssen, surtout après la réception d'un télégramme adressé le 22 septembre par le savant astronome de l'Académie des sciences, et dont voici le texte :

Éprouvé grand typhon, rade Hong-Kong. Désastres. Personnel, matériel saufs. Repartons.

Le point ayant été mis par erreur après le mot *personnel*, au lieu d'être placé après *désastres*, la dépêche avait un sens tout différent et fort alarmant. Heureusement une autre dépêche vint bientôt rectifier la première et dissiper les inquiétudes.

CHAPITRE XV

L'HUMIDITÉ ET LA SÉCHERESSE — LES NUAGES ET LES BROUILLARDS
LA ROSÉE, LE SEREIN
LA PLUIE, LE VERGLAS, LA NEIGE, LE GRÉSIL

On a déjà vu que la vapeur d'eau est un des éléments constituants de l'air, mais que la proportion pour laquelle elle entre dans sa composition est peu considérable. Cette proportion est, en outre, très variable. Un certain espace ne peut jamais contenir qu'une quantité limitée de vapeur. Cette quantité est la même, que l'espace dont il s'agit soit d'ailleurs parfaitement vide, comme l'est, par exemple, la chambre barométrique, ou qu'il contienne déjà de l'air ou tout autre gaz proprement dit. Dans les deux cas, lorsque l'espace ou l'air qui y est compris a absorbé toute la vapeur qu'il est capable de recevoir, on dit qu'il est *saturé*. Mais le point de saturation varie avec la température. Si dans deux vases d'égale capacité, l'un vide, l'autre plein d'air sec, ayant même température, on introduit une quantité d'eau telle que la totalité de cette eau transformée en vapeur soit nécessaire pour la saturer, on verra, dans le vase vide, l'eau se vaporiser et disparaître très rapidement; elle se vaporisera et disparaîtra aussi dans l'autre, mais beaucoup plus lentement. Le vase vide sera donc saturé immédiatement; tandis que l'espace plein d'air ne le sera qu'après un temps d'autant plus long que la densité de l'air sera plus grande, ou, en d'autres termes, que l'air sera plus comprimé. D'où l'on voit que la pression de l'air est sans influence sur le point de saturation d'un espace donné, mais qu'elle a pour effet de retarder la formation et l'expansion des vapeurs. Si maintenant on ajoute de part et d'autre une nouvelle quantité d'eau, il ne se formera plus de vapeur, à moins qu'on n'élève la température. Bien plus, comme l'addition d'un certain volume de liquide dans les deux vases aura nécessairement diminué l'espace précédemment saturé, cet espace ne pouvant plus contenir la même quantité de vapeur, une partie de cette dernière reviendra à l'état liquide, ou, comme disent les physiciens, se *précipitera*. Un abaissement de température produirait le même résultat.

12

On conçoit aisément, d'après cela, qu'au sein de l'atmosphère la formation et la précipitation des vapeurs dépendent exclusivement de la température; que, dans les divers phénomènes auxquels cette formation et cette précipitation donnent lieu, ce soit toujours la chaleur qui, comme dans les vents et les tempêtes, joue le principal rôle, qu'en un mot, ici encore, le soleil, — « ce grand agitateur des masses aériennes, » — disait Babinet, exerce sur le *temps* une action souveraine, modifiée, bien entendu, par une foule de causes secondaires.

C'est, en effet, sous l'influence de la chaleur solaire que les mers, les fleuves, les lacs, les étangs émettent successivement des vapeurs qui se répandent dans l'atmosphère. La plus ou moins forte proportion de vapeur que l'air tient en dissolution constitue son humidité ou sa sécheresse, ou, pour nous servir d'une expression plus scientifique, son état *hygrométrique* ou sa fraction de *saturation*.

Il est d'un grand intérêt, dans les recherches météorologiques, de déterminer l'état hygrométrique de l'air, en d'autres termes, le rapport qui existe entre la quantité de vapeur qu'il contient actuellement, et celle qu'il renfermerait s'il était saturé à la même température. On fait usage, pour cela, d'instruments appelés *hygromètres*. Ces instruments sont aujourd'hui très nombreux; mais ils peuvent être tous ramené à quatre espèces, savoir : les hygromètres *chimiques*, les hygromètres *à absorption*, les hygromètres *à condensation* et les *psychromètres*.

Les hygromètres chimiques sont des appareils dans lesquels on fait passer, à l'aide d'un *aspirateur*, un volume d'air déterminé, dont la température est connue, sur une substance très avide d'eau, telle, par exemple, que le chlorure de calcium. Cette substance a été pesée avant l'expérience. On la pèse de nouveau après que l'air lui a abandonné toute son humidité. La différence représente évidemment la quantité de vapeur d'eau que l'air tenait en dissolution. On en déduit par le calcul la fraction de saturation.

Les hygromètres à absorption sont fondés sur la propriété que possèdent certaines matières organiques de s'allonger lorsqu'elles absorbent de l'humidité, et de se raccourcir, au contraire, en se desséchant. A cette espèce d'instrument appartiennent les hygromètres populaires qui sont censés annoncer la pluie et le beau temps, et auxquels le vulgaire accorde une confiance aussi peu justifiée que le nom de *baromètre* qu'on leur donne communément. Je veux parler de ces figures en carton, représentant soit un moine qui ôte son capuchon quand le temps est au beau, et qui le rabat sur sa tête quand la pluie menace, soit un chat qui tient sa patte baissée dans le premier cas, et,

dans le second, la relève vers sa tête comme « pour faire sa toilette ».
Le moteur de ces petites machines prophétiques est une *corde de
boyau,* fixée par une de ses extrémités à la planchette qui soutient la
figure, et par l'autre au capuchon du moine ou à la patte du chat.
Cette corde est tordue, et sa torsion change lorsque le temps est humide, ce qui fait tourner l'extrémité mobile du boyau à laquelle est

Hygromètres populaires.

attaché l'index ; malheureusement ce résultat ne se produit qu'avec
une extrême lenteur ; de sorte qu'il n'est pas rare de voir la prédiction
suivre l'événement, au lieu de l'annoncer.

Le célèbre physicien Théodore de Saussure a construit un hygromètre à cheveu, dont le mécanisme est analogue à celui des instruments dont je viens de parler, et qui, bien que beaucoup plus délicat,
ne laisse pas de présenter aussi de graves imperfections. Il se compose
d'un cadre sur lequel est tendu un cheveu, fixé invariablement par
un bout, tandis que l'autre bout s'enroule sur une poulie à double
gorge. Sur la seconde gorge de la poulie est enroulé, en sens contraire
du cheveu, un fil de soie auquel est suspendu un petit contrepoids,
de manière à maintenir le cheveu toujours également tendu. Une
aiguille fixée à la poulie décrit sur un cadran des arcs proportionnels
aux allongements et aux raccourcissements du cheveu. Il est indispensable que ce dernier, avant d'être adapté à l'instrument, ait été
dégraissé dans l'éther, puis lavé à grande eau. Il faut, en outre, que
le mécanisme de la poulie et de l'aiguille soit extrêmement léger et

mobile. Enfin la graduation du cadran doit être faite en prenant le point cent, ou de saturation, dans un vase hermétiquement fermé et contenant une épaisse couche d'eau. Le point zéro ou de sécheresse extrême doit être déterminé dans le même vase, où l'eau est remplacée par de l'acide sulfurique concentré. L'hygromètre à cheveu doit être accompagné d'une table construite pour chaque cheveu en particulier, qui indique la fraction d'humidité pour chaque nombre. Le degré 72 est voisin de la fraction 1/2. C'est que, comme M. Regnault l'a prouvé, malgré toutes les précautions, des hygromètres à cheveu peuvent bien être comparables entre eux lorsqu'ils ont été construits avec des cheveux de même espèce, lessivés de la même manière, et qu'ils ont été réglés dans le même vase; mais il n'en est plus ainsi pour des hygromètres dont les cheveux diffèrent seulement de nature, à plus forte raison quand les points extrêmes n'ont pas été déterminés dans des conditions identiques.

En 1752, Le Roy, médecin de Montpellier, s'avisa le premier, pour mesurer la quantité de vapeur dissoute dans l'air, de condenser cette vapeur sur les parois extérieures d'un vase métallique, contenant de l'eau qu'il refroidissait en y ajoutant successivement de petits morceaux de glace. Un thermomètre plongé dans le vase donnait la température de saturation de l'air ambiant : ce qu'on a appelé le *point de rosée*. Plusieurs physiciens ont construit depuis des appareils de formes et de dispositions différentes, mais destinés également à mesurer la fraction de saturation de l'air par la condensation de sa vapeur.

La méthode dite *psychrométrique*, dont la première idée appartient à Gay-Lussac, se réduit à l'observation comparative de deux thermomètres, dont l'un est simplement exposé à l'air ambiant, tandis que le réservoir de l'autre est constamment humecté par une mèche de coton trempée dans l'eau.

Tout le monde sait qu'il y a des vents secs et des vents humides, et que leur plus ou moins de sécheresse ou d'humidité dépend à la fois de leur température et de la nature des régions sur lesquelles ils ont passé. En Europe, par exemple, les vents de l'est et du nord-est sont toujours secs; les vents de l'ouest, du nord-ouest et du sud-ouest sont toujours humides. On peut dire que la tension de la vapeur d'eau, par les différents vents, suit une gradation descendante depuis le nord-est jusqu'au sud en passant par l'est, et ascendante depuis le sud jusqu'au nord-est en passant par l'ouest et le nord.

L'humidité de l'air par les différents vents varie d'ailleurs selon les saisons. D'après les observations de Kaemtz, ce sont les vents de l'E. et du N.-E. qui, en hiver, sont les moins chargés de vapeur, et néanmoins les plus humides, parce qu'en raison de leur basse température

ils sont aussi les plus rapprochés de leur point de saturation. En été,
ce sont les vents d'O. et de S.-O. dont la fraction de saturation est la
plus forte. Au printemps, ce sont les vents du N. et du N.-O.; et en
automne, ceux du N.-O. et du S.-E. La moyenne hygrométrique de
l'hiver est la plus élevée; puis vient celle de l'automne, puis celle du
printemps, et en dernier lieu celle de l'été.

Quant aux variations hygrométriques locales, il est évident que,
toutes choses égales d'ailleurs, elles tiennent d'une part à l'altitude,
de l'autre à la présence ou à l'absence, à l'abondance ou à la rareté
des eaux. On sait que la quantité absolue de vapeur dissoute dans l'air
va en diminuant avec la chaleur de l'équateur aux pôles; mais on
ignore jusqu'à présent si, dans des localités semblables, bien que situées à des distances inégales du pôle, l'humidité relative se comporte
de là même manière ou d'une manière différente. Sur l'Océan, à toutes
les latitudes, l'air doit être à l'état de saturation. Cependant, comme
l'eau de mer est salée, la tension de vapeur est un peu moindre qu'elle
ne serait pour de l'eau pure, à température égale; ou, en d'autres
termes, elle est la même que si l'eau était pure et que la température
fût un peu plus basse qu'elle n'est en réalité.

Sur les côtes, à latitude égale, l'humidité est plus grande qu'en aucun
lieu des continents, et elle diminue à mesure qu'on pénètre dans l'intérieur. Cette loi, sauf les irrégularités dues à la présence des lacs ou
des cours d'eau, ne souffre point d'exception. Elle se vérifie aussi bien
dans la Sibérie que dans les plaines de l'Orénoque, dans l'intérieur de la
Nouvelle-Hollande que dans les déserts de l'Asie ou de l'Afrique. Ces
déserts, où l'eau manque presque entièrement, ne sont le siège d'aucune évaporation sensible; mais d'autre part l'ardente température
qui y règne, accrue encore par la réverbération du sable, s'oppose
aux précipitations aqueuses. L'air qui y afflue des latitudes supérieures
conserve donc toute la vapeur dont il est chargé; mais il acquiert une
température qui diminue d'autant sa fraction de saturation. Ce n'est
donc pas sans raison que les voyageurs parlent du vent « desséchant »
des déserts, et l'on peut se faire une idée de l'avidité avec laquelle l'air
absorbe l'humidité partout où il la rencontre, après avoir passé ou
séjourné dans ces fournaises de la zone torride.

Lorsque l'air est très chargé de vapeur d'eau et que sa température
vient à s'abaisser, il arrive souvent que, par le fait de ce refroidissement, son point de saturation est dépassé. Une partie de la vapeur qu'il
contenait doit revenir à l'état liquide. Mais elle n'y revient pas toujours sous la même forme. Le plus ordinairement même, avant de se
précipiter en eau, elle passe par un état particulier de division qui lui
permet de rester suspendue dans l'air, tantôt près du sol, tantôt à des

hauteurs plus ou moins grandes, jusqu'à ce que, par l'effet d'une grande accumulation, d'un nouveau refroidissement ou d'une perturbation électrique de l'atmosphère, elle se condense tout à fait ou même se congèle, et tombe en plus ou moins grande abondance. Les divers modes de précipitation de la vapeur contenue dans l'air donnent lieu aux phénomènes de la rosée, du givre ou gelée blanche, des brouillards, des nuages, de la pluie, de la neige, du grésil et enfin de la grêle.

La rosée a été autrefois le sujet de bien des hypothèses erronées, de bien des fables. Ce qui intriguait fort les physiciens (au temps où les physiciens savaient peu de chose de la chaleur et de ses effets sur les corps), c'est que la rosée se produit toujours la nuit, quand le temps est beau; et cette sorte de pluie tombant sans qu'on la voie ni qu'on la sente tomber, en l'absence de tout nuage, ne leur semblait pas un moindre prodige que les foudres éclatant dans un ciel serein. Plusieurs la prenaient pour la *sueur de la terre*; d'autres pour une pluie très fine, venue des hautes régions de l'atmosphère; quelques-uns même y voyaient une émanation des astres, et lui attribuaient des propriétés merveilleuses. C'est un médecin anglais, le docteur Welsh, qui a donné enfin de ce prétendu prodige une explication très simple et très satisfaisante. Il a montré que le phénomène de la rosée est le même qui se passe journellement sous nos yeux, lorsque de la *buée* se dépose sur les vitres de nos appartements, la température extérieure étant peu élevée, ou sur la surface d'une carafe contenant de l'eau fraîche, qu'on apporte dans une pièce chaude; que ce n'est, en un mot, qu'une condensation de vapeur produite par le refroidissement des couches d'air en contact avec une surface refroidie.

Pendant le jour, sous l'action des rayons solaires, l'air s'imprègne plus ou moins de vapeur. Lorsque le soleil a disparu derrière l'horizon, la terre ne reçoit plus de chaleur; c'est elle, au contraire, qui rayonne dans l'espace la chaleur qu'elle a reçue; au lieu de s'échauffer, elle se refroidit, et elle se refroidit d'autant plus que le ciel est plus pur; car si le ciel est voilé de nuages, ceux-ci rendent à la terre une partie de la chaleur qu'elle leur envoie. Les couches d'air en contact avec le sol participant à son refroidissement, la vapeur qu'elles contenaient se condense, humecte la terre, ruisselle sur les pierres, ou se suspend en gouttelettes limpides aux brins d'herbe et aux pétales des fleurs. Si le temps est assez froid pour que la température s'abaisse au-dessous de zéro, la rosée se congèle et devient du *givre* ou de la *gelée blanche*.

La gelée blanche ne se produit pas seulement en automne ou en hiver, mais aussi au printemps, surtout dans le mois d'avril, époque où souvent, dans nos climats, souffle le vent du nord-est. Les journées sont belles et tièdes, partant l'évaporation est abondante ; mais les nuits sont froides et longues encore. Le rayonnement nocturne devient alors funeste aux jeunes pousses, que le froid désorganise et roussit comme si elles eussent été brûlées.

Le vulgaire qui, dans ces nuits claires et froides, voit la lune briller au ciel de tout son éclat, attribue cet effet au pauvre astre, qui n'en peut mais. C'est la *lune rousse,* dit-il, qui grille les plantes. D'illustres physiciens, Arago entre autres, se sont donné la peine de combattre cet absurde préjugé, qui n'en persiste pas moins parmi le peuple des campagnes. Heureusement ce préjugé-là n'induit pas, comme tant d'autres, les cultivateurs en des actes contraires à leurs intérêts. Tout en attribuant à tort à la lune une action malfaisante dont elle n'est nullement coupable, ils ne laissent pas de prendre des précautions qui atténuent ou empêchent le mal : à savoir, de couvrir pendant la nuit leurs plantes potagères avec des toiles ou des nattes de paille. Ils croient les garantir ainsi des rayons dangereux de la lune ; ils les garantissent, en réalité, du refroidissement qui leur serait fatal.

Ce qu'on nomme le *serein* est un phénomène très analogue à la rosée. Seulement, tandis que celle-ci se dépose pendant toute la nuit et principalement aux approches du matin, le serein ne se produit que le soir, en été, après le coucher du soleil. C'est une petite pluie très fine, qui tombe sans que le ciel soit nuageux, et qui provient de la vapeur condensée au sein des couches peu élevées de l'atmosphère.

Il faut, on le voit, des circonstances particulières, une nuit froide et sereine succédant à une journée chaude ou tiède, un refroidissement brusque du sol et des couches d'air qui l'avoisinent, pour amener directement la précipitation de la vapeur sous forme de gouttes d'un certain volume et d'un certain poids. Ordinairement les choses ne se passent pas ainsi. Avant de se condenser tout à fait et de retomber sur la terre, la vapeur passe par un état en quelque sorte intermédiaire, qui est celui auquel on applique communément — et improprement — le nom de vapeur, c'est-à-dire par l'état de globules très ténus, mélangés de petites gouttelettes, et dont l'agglomération en grandes masses constitue les *nuages* et les *brouillards.*

Disons tout de suite que ces deux mots désignent un seul et même phénomène : toute la différence est que les brouillards demeurent à la surface du sol, tandis que les nuages flottent dans les régions supérieures de l'atmosphère. L'aéronaute dans la nacelle de son ballon, le voyageur sur les cimes des hautes montagnes, traversent souvent des nuages qui pour eux deviennent des brouillards ; et lorsque, environnés d'un air limpide, ils abaissent leurs regards vers les contrées placées au-dessous d'eux, ils y voient fréquemment des masses vaporeuses aux contours arrondis et argentés, ayant le même aspect que les nuages qui se meuvent au-dessus de leur tête, et ne différant, en effet, de ceux-ci que par leur position. Le spectacle des brouillards vus ainsi de haut, par une belle matinée ou par une belle nuit, est assurément un des plus saisissants et des plus curieux que les campagnes accidentées offrent aux amateurs de pittoresque. On l'observe journellement dans les pays de montagnes, sur les vallées arrosées par des cours d'eau ou coupées de marécages. Le soir, les brouillards se forment souvent avec assez d'abondance pour couvrir la vallée d'une nappe irrégulière, du sein de laquelle on voit saillir çà et là un arbre, un clocher d'église, une pointe de rocher, qu'on dirait noyés dans une inondation ou bien ensevelis sous des monceaux de neige. A mesure que la nuit s'avance, le brouillard va s'épaississant; mais aux premiers rayons du soleil, au premier souffle de la brise du matin, il s'entr'ouvre çà et là, se déchire, se subdivise en masses inégales. Bientôt ce ne sont plus que des nuages disséminés dans les gorges, dans les prairies, sur les flancs des collines. On dirait d'énormes moutons aux formes bizarres, à la toison blanche et floconneuse, errant et paissant sous la garde d'un pasteur invisible, et qui, les uns après les autres, disparaissent, s'évanouissent comme une vision fantastique.

Les brouillards sont surtout épais et fréquents dans les contrées humides, marécageuses, au-dessus des fleuves, des rivières, des lacs, lorsque la température de l'air est froide, et que celle du sol et des eaux se maintient à un degré plus élevé. C'est ce qu'on remarque, par exemple, pendant la plus grande partie de l'année, dans les Pays-Bas et la Grande-Bretagne, et pendant l'hiver à Paris. Londres est bien connu pour son atmosphère presque constamment brumeuse, et la renommée des brouillards de la Tamise n'est point usurpée. Il ne se passe point d'année, à Londres, où l'on ne soit plusieurs fois obligé d'allumer en plein jour les becs de gaz pour permettre aux passants de se reconnaître et de se guider tant bien que mal dans les rues. A Paris même, nous avons tous vu, en certains jours de novembre ou de décembre, les agents de police échelonnés de distance en distance avec des torches à la main, pour éclairer la marche des citadins.

On peut, d'après cela, se faire une idée de ce que sont les brumes de mer dans certains parages, notamment dans les hautes latitudes, sur le parcours des grands courants d'eau tiède dont les abondantes vapeurs se condensent incessamment au sein d'une atmosphère très froide. Ces brumes, très persistantes, et qui embrassent de vastes étendues, sont pour les marins, sur les routes très fréquentées par les navires, une source de sérieux dangers. Les feux et les signaux ne s'apercevant pas à quelques mètres de distance, il en résulte souvent,

entre les navires qui se croisent au milieu de ces ténèbres impénétrables, des abordages meurtriers. La perte de l'un des bâtiments du
moins, sinon de tous deux, est à peu près certaine. Tantôt, s'ils sont
de force très inégale, c'est le plus fort qui passe par-dessus le plus
faible; tantôt c'est un navire qui enfonce son avant dans le flanc de
l'autre, le coupe en deux, et lui-même, brisé par la violence du choc,
ne peut ni porter secours à sa victime ni se défendre contre la mer
qui l'envahit et le fait sombrer.

On pourrait appeler les brouillards des nuages terrestres, et les
nuages des brouillards aériens. Il est à remarquer cependant que si
les seconds s'abaissent souvent vers la terre, ils n'y retombent jamais
tout à fait, au lieu que les premiers demeurent rarement près du sol.
Ceux-ci se dissipent par l'effet de la chaleur; ou bien ils achèvent de
se condenser sous forme d'une petite pluie très fine, vulgairement
connue sous le nom de *bruine* et de *crachin;* ou bien enfin ils s'élèvent
dans l'air et deviennent des nuages proprement dits. MM. Becquerel
pensent même que l'origine de tout nuage est un brouillard. Ce qu'il
y a de certain, c'est qu'en général la constitution de ces deux variétés
de météores est identiquement la même. Je dis *en général,* parce que
dans certains nuages, tels que celui que MM. Bixio et Barral traversè-
rent avec leur aérostat le 26 juillet 1850, l'eau est à l'état solide. Mais
dans la grande majorité des cas, les nuages, comme les brouillards,
sont formés d'une multitude infinie de très petites sphérules, dont
Kaemtz évalue le diamètre moyen à deux cent vingt-quatre dix-mil-
lièmes de millimètre, entremêlées d'une grande quantité de gouttelettes d'eau. Ces sphérules sont-elles pleines ou creuses? Les météorologistes ne sont pas d'accord sur cette question. Cependant la plupart
inclinent vers la seconde hypothèse, et considèrent ces éléments des
nuages et des brouillards comme autant de petites bulles remplies, soit
d'air, soit de vapeur, et dont l'eau n'est que l'enveloppe. Ils les appellent, en conséquence, des *vésicules de vapeur* ou de la *vapeur vésiculaire.*

Quoi qu'il en soit, il se présente ici une question très importante, et
qui a fort exercé la sagacité des physiciens : c'est celle de savoir quelle
force tient suspendues à plusieurs centaines, à plusieurs milliers de
mètres au-dessus du sol, les particules d'eau ou de glace qui constituent les nuages, et comment il se fait que ces derniers ne tombent
jamais, bien que leur poids spécifique soit incontestablement plus considérable que celui de l'air. Cette apparente anomalie s'explique, en
somme, d'une manière assez simple.

« Nous devons admettre, dit Kaemtz, que les vésicules du brouillard
sont plus lourdes que le milieu dans lequel elles sont suspendues;
cependant elles s'élèvent avec une grande rapidité... En effet, un

nuage n'est pas une masse immobile, comme on pourrait le croire en l'observant de loin ; il est, au contraire, dans un mouvement perpétuel. Quand les vésicules entraînées par le vent arrivent dans un air sec, elles se dissolvent, tandis que du côté du vent la vapeur se précipite à l'état vésiculaire. Ainsi un nuage immobile en apparence s'abaisse souvent lentement, et sa partie inférieure se dissout continuellement, tandis que la supérieure s'accroît sans cesse par l'addition de nouvelles vésicules.

« Il existe, en outre, une force directement opposée à la chute des nuages : c'est celle des courants ascendants. Par un beau temps, la vésicule tombe avec une vitesse d'environ trois décimètres par seconde ; mais le courant ascendant a une vitesse beaucoup plus considérable, et par conséquent il entraînera la vésicule.

« Qui n'a observé, ajoute le savant météorologiste, des graines, des plumes, du sable, etc., élevés à une hauteur prodigieuse, et transportés à de grandes distances ? A plusieurs myriamètres de la côte d'Afrique, des navires ont été couverts de sable venant du Sahara, et l'on sait que le vent transporte à des distances énormes les cendres vomies par les volcans. Ces corps sont cependant beaucoup plus denses que les vésicules d'eau. Ne cherchons donc point à expliquer leur suspension par des causes extraordinaires ; elle est aussi facile à comprendre que celle de la poussière. »

Rien, sans doute, n'est plus varié, rien n'est plus changeant que les formes et l'aspect des nuages. Cependant une observation attentive et suivie permet de constater, au milieu de leurs métamorphoses continuelles, la prédominance de certains types qui, dans des circonstances météorologiques déterminées, apparaissent constamment, et qui, en se combinant, en se fusionnant dans d'autres circonstances, donnent naissance à des sous-types, à des espèces intermédiaires faciles à reconnaître.

Howard a distingué les nuages, d'après leur forme, en quatre espèces principales, savoir : les *cirrus*, les *cumulus*, les *stratus* et les *nimbus*.

Les *cirrus* (en latin, boucle ou mèche de cheveux), appelés par les marins *queues de chat*, et par les paysans suisses *nuages de sud-ouest*, sont des nuages légers et diaphanes, qui ressemblent, soit, comme leur nom l'indique, à des mèches de cheveux plus ou moins frisées, soit à des faisceaux de longs filaments, soit à des réseaux déliés. Ils occupent toujours les plus hautes régions de l'atmosphère, et l'on sait aujourd'hui qu'ils sont formés de particules de glace ou de flocons de neige très divisés ; ce qui s'explique par la basse température qui règne au sein des couches d'air très raréfiées où ils sont suspendus.

« L'apparition des cirrus, dit Kaemtz, précède souvent les change-

Nuages. — 1. Stratus. — 2. Cumulus. — 3. Cirrus. — 4. Nimbus.

ments de temps. En été, ils annoncent de la pluie; en hiver, de la gelée ou du dégel. Même quand les girouettes sont tournées vers le nord, ces nuages sont souvent entraînés par des vents du sud ou du sud-ouest, et bientôt ceux-ci se font aussi sentir à la surface de la terre. » On peut admettre que ces nuages sont amenés par des vents du sud, qui déterminent la baisse du baromètre, et dont les vapeurs se précipitent à l'état de pluie. Telle est du moins la théorie de M. Dove, et elle justifie la dénomination sous laquelle les paysans suisses ont désigné ce genre de nuages.

Les *cumulus* (*balles de coton* des marins) sont bien reconnaissables à leur forme arrondie et mamelonnée à la partie supérieure, rectiligne à la partie inférieure, à leurs contours nettement dessinés et d'un blanc argenté. On les voit très souvent, dans les beaux jours, étagés au-dessus de l'horizon, où ils présentent l'aspect de montagnes couvertes de neige. Ils sont moins élevés que les cirrus; mais ils se maintiennent cependant, d'ordinaire, à d'assez grandes hauteurs.

Les *stratus* (ce mot latin signifie couche) forment à l'horizon de longues et larges bandes. Leur couleur fondamentale est le gris; mais comme ils se produisent surtout le soir à la tombée du jour, du côté de l'ouest, les feux du soleil couchant les teignent de couleurs très vives et très belles. On observe aussi des stratus du côté de l'orient, au lever du soleil, et quelquefois même en plein jour, sur divers points de l'horizon; mais ils sont alors ou plus diffus, ou combinés avec d'autres nuages, et revêtent un caractère mixte dont je parlerai tout à l'heure.

Enfin les *nimbus* sont de grands nuages très épais, de nuance foncée, frangés, déchiquetés ou estompés sur les bords, et nageant dans les couches inférieures de l'air, quelquefois avec beaucoup de lenteur, d'autres fois avec une extrême rapidité. Ce sont des nuages de mauvais temps; lorsqu'on les voit apparaître, on peut affirmer à coup sûr que la pluie ne se fera pas attendre. Howard appelait les nimbus des *cirro-cumulo-stratus*, pour indiquer qu'il les considérait comme un mélange de tous les autres nuages; et en effet, c'est lorsque, par suite de l'abondance des vapeurs vésiculaires, une grande masse de nuages divers, occupant en hauteur et en largeur une vaste étendue, viennent à se réunir et à se souder, que le ciel se charge de nimbus, et que la pluie ou la neige commence à tomber.

Aux trois formes fondamentales des cirrus, des cumulus et des stratus[1] se rattachent les formes mixtes que les météorologistes dé-

---

[1] Par respect pour la langue latine, à laquelle ces noms sont empruntés, quelques auteurs, notamment M. L. Maillard (*Notes sur l'île de la Réunion*), que j'ai cité plus haut, disent au pluriel *cirri, cumuli, strati, nimbi*. Je me

signent sous les noms de *cirro-cumulus, cirro-stratus, cumulo-stratus, strato-cumulus*.

Les cirro-cumulus se produisent lorsque les cirrus restent stationnaires. Ils indiquent en général un temps sec, et sont fréquents en été, rares en hiver. Ce sont des nuages moutonneux et ondulés qui font le *ciel pommelé*, lequel, selon un dicton populaire, « n'est pas de longue durée. » Le fait est qu'ils sont ordinairement le signe d'un changement prochain dans l'état de l'atmosphère; mais ce changement est au moins aussi souvent favorable que défavorable. Selon Kaemtz, les cirro-cumulus annoncent la chaleur. Les cirro-stratus, au contraire, précèdent le vent et la pluie, et se voient fréquemment dans les intervalles des orages. Ces nuages se juxtaposent en bandes horizontales qui, au zénith, montrent un grand nombre de nuages allongés et déliés, mais qui, à l'horizon, apparaissent sous la forme d'une seule couche très longue et très étroite.

Les cumulo-stratus prennent naissance lorsque les cumulus deviennent plus épais, se rejoignent et s'étendent sur le ciel. Ils ne tardent guère à se changer en nimbus. Kaemtz distingue les cumulo-stratus des strato-cumulus. Ceux-ci se rapprochent plus que les premiers des stratus par leur forme; mais ils sont placés plus haut que les stratus. Ils se montrent surtout dans l'après-midi, en masses très denses, arrondies, à contours irréguliers, et le soir ils envahissent le ciel tout entier.

L'abondance des nuages varie comme celle des vapeurs, mais dans des conditions différentes, selon l'heure du jour, la saison, la direction du vent, l'état électrique de l'atmosphère, le climat. Ces circonstances se combinent ou se contrarient de cent manières; en sorte qu'il est impossible d'en préciser les effets, et qu'il faut s'en tenir sur ce sujet à des données générales et approximatives.

En général donc, le ciel est plus couvert le matin avant le lever, et le soir après le coucher du soleil qu'au milieu du jour et même que pendant la nuit. Vers midi, ce sont les rayons du soleil qui redissolvent dans l'air la vapeur vésiculaire. La nuit, ce sont les courants supérieurs résultant de l'ascension de masses d'air échauffées pendant le jour, qui chassent et dissipent les nuages. Quelques physiciens attribuent aussi au rayonnement de la lune un pouvoir calorifique capable de contribuer à ce résultat, sinon de le déterminer intégralement.

Je n'apprendrai rien au lecteur en disant que l'air est plus souvent

permettrai de faire observer que, dans son zèle pour la grammaire latine, M. Maillard oublie que *strati* est un *barbarisme*, le substantif *stratus* (génitif *stratûs*) appartenant à la quatrième déclinaison.

chargé de nuages en hiver qu'en été, plus souvent aussi au printemps qu'en automne.

L'état électrique de l'atmosphère paraît dépendre lui-même de la température, et du plus ou moins d'activité de l'évaporation à la surface du sol; puis il réagit ensuite sur la précipitation des vapeurs. Je traiterai plus loin du rôle, si important et encore si mal connu, de l'électricité dans les perturbations atmosphériques.

Pour ce qui est des vents, on conçoit, sans qu'il soit besoin d'y insister, que ceux qui sont à une température élevée tendent à dissoudre les vapeurs, tandis que les vents froids tendent à les condenser. On remarque cependant que dans nos contrées les vents tièdes du sud, du sud-ouest et de l'ouest sont les plus nuageux, tandis que par les vents du nord-est et de l'est le ciel est presque toujours serein. C'est que les premiers arrivent des régions chaudes, où ils se sont imprégnés d'une grande quantité de vapeur; à mesure qu'ils avancent vers le nord, ils se refroidissent, et cette vapeur passe à l'état vésiculaire. Le contraire a lieu pour les vents du nord-est, par exemple, qui ont passé sur des pays froids, où l'évaporation est peu considérable, et qui, s'échauffant sous nos latitudes, s'éloignent d'autant plus de leur point de saturation.

A mesure que des latitudes polaires où, pendant la plus grande partie de l'année, le ciel est voilé de brumes épaisses, on descend vers la zone tropicale, on voit le ciel devenir plus pur et plus transparent. Son état ordinaire peut toutefois varier d'une manière très notable, par suite de circonstances tout à fait locales. J'ai déjà indiqué ces circonstances et les effets qui s'y rapportent. Je dirai seulement ici quelques mots d'un phénomène très remarquable que présente la zone des calmes équatoriaux : c'est l'immense ceinture de nuages qui enveloppe en cet endroit le globe terrestre tout entier, sur une largeur d'environ cinq degrés. Maury compare cette ceinture à l'anneau de la planète de Saturne, et la désigne sous le nom de *cloud-ring*. Elle est soumise à un déplacement annuel qui suit la déclinaison du soleil, et lui fait parcourir l'espace compris entre le cinquième degré de latitude sud et le quinzième de latitude nord.

Le cloud-ring, « en voyageant, dit M. Zurcher, avec la zone des calmes équatoriaux, protège alternativement contre l'ardeur du soleil les divers parallèles qu'il couvre, et y ramène la pluie à des époques déterminées... Les décharges électriques sont très fréquentes au sein de ce sombre dais de nuages. Le son s'y répercute comme au milieu des montagnes, et les marins qui traversent les régions qu'il couvre entendent le roulement continuel du tonnerre... La pluie continuelle dégage une énorme quantité de calorique latent, qui contribue puissamment à produire dans la région équatoriale la raréfaction d'air par laquelle sont créés les vents alizés. C'est aussi à cette raréfaction qu'on doit attribuer la baisse très sensible du baromètre dans toute l'étendue de la zone. »

Lorsque les vésicules aqueuses dont se composent les nuages s'accumulent et se réunissent en gouttes assez grosses pour que l'action des courants horizontaux et celle des courants ascendants ne suffisent plus à les tenir en suspension, elles tombent sous forme de *pluie*. Des causes particulières, et jusqu'ici peu connues, interviennent évidemment dans ce phénomène, plus complexe qu'on ne pourrait le croire au premier abord; car l'explication très simple que je viens d'en donner, d'après les météorologistes les plus autorisés, ne rend pas compte des caractères très divers qu'il présente dans des circonstances en apparence identiques. Ces causes favorisent ou contrarient, retardent ou accélèrent la condensation et la précipitation des vapeurs vésiculaires.

Tout le monde a pu remarquer que, dans certains cas, le ciel demeure pendant de longues heures, quelquefois pendant des journées entières, obscurci par d'énormes nuages sans qu'il tombe une goutte de pluie; que, dans d'autres cas, la pluie s'échappe en abondance, soit d'un nuage isolé, soit d'une nappe étendue, mais peu compacte; que tantôt les gouttes sont très ténues et très pressées, tantôt elles sont d'un volume énorme et très écartées les unes des autres; tantôt enfin ce ne sont pas des gouttes qui tombent, mais des filets continus, ou même de véritables flots; que si, en général, la pluie commence faiblement pour augmenter ensuite, puis cesser graduellement, il n'est pas rare non plus de voir des *grains* qui débutent à l'improviste avec une extrême intensité, pour s'arrêter aussi tout à coup, comme par enchantement.

A côté de ces bizarreries inexplicables, il en est dont un examen un peu attentif donne aisément la raison. Ainsi il arrive souvent que la pluie tombe abondamment à une grande hauteur, sur le sommet d'une montagne, tandis que, sous les mêmes nuages, elle est nulle ou presque nulle à la surface du sol; ou réciproquement, que la pluie est très faible en haut et très forte en bas. C'est que, dans le premier cas, les gouttes, en approchant de terre, passent par des couches d'air sec et chaud où elles se vaporisent en tout ou en partie; dans le second cas, les couches inférieures sont humides et froides, et les gouttes de pluie s'y grossissent par la condensation de nouvelles quantités de vapeur.

Une foule de causes influent sur l'abondance ou la rareté des pluies dans les divers pays : les vents régnants, la proximité de la mer, les saisons, la latitude. En thèse générale, on peut dire que plus un pays est chaud, plus l'évaporation y est considérable, et plus il y doit pleuvoir. On remarque, en effet, que, toutes choses égales d'ailleurs, l'abondance des pluies diminue de l'équateur au pôle. Cependant cette règle souffre de nombreuses exceptions, dues à diverses circonstances locales. Une carte météorologique dressée par M. Berxgaus indique quatre régions où il ne pleut jamais. Ce sont, en Afrique, le grand désert du Sahara ; en Asie, le nord de l'Inde ou de la Chine (ou de l'Indo-Chine); en Amérique, quelques points du Mexique et des côtes du Pérou ou du Chili.

D'après les relevés donnés par M. de Gasparin, dans sa *Météorologie agricole,* la partie de l'Italie située au nord des Apennins est la contrée de l'Europe où il pleut le plus. L'Angleterre vient ensuite, puis la France méridionale, etc. La Russie n'arrive qu'au dernier rang. A Paris, la hauteur d'eau qui tombe annuellement est de 0^m564, répartie comme il suit : pour l'hiver, 0^m107; pour le printemps, 0^m174; pour l'été, 0^m161; pour l'automne, 0^m122. C'est donc en hiver qu'il tombe le moins d'eau. On a trouvé à Bordeaux, pour hauteur moyenne des pluies tombées en un an, 0^m650; à Madère, 0^m767; à la Havane, 2^m32; à Saint-Domingue, 2^m73.

Lorsqu'en hiver, par un changement de temps subit, la pluie vient à tomber après une gelée de quelques jours, en touchant le sol, dont la température est restée inférieure à 0°, elle se congèle et forme à sa surface cette couche glacée qu'on nomme *verglas.* La pluie continuant à tomber et le sol s'échauffant peu à peu, cette couche finit par se dissoudre.

Les Parisiens se souviendront longtemps du verglas du 1er janvier 1875. Vers dix heures du soir, la pluie fine et serrée qui tombait depuis quelque temps déjà commença à se congeler, et en peu d'instants le sol de la ville était recouvert d'une couche de glace rendant impossible la circulation des voitures et même des piétons. Une foule de personnes durent rester cette nuit-là dans les maisons où elles étaient allées passer la soirée, et celles qui sortirent des théâtres, vers minuit, eurent mille peines à rentrer chez elles. De nombreux accidents ont été causés par ce dangereux verglas, et les journaux de l'époque fourmillent d'épisodes tantôt tristes, tantôt burlesques, qui ont signalé cette nuit mémorable.

Quand la température de l'air est voisine de zéro, surtout lorsqu'elle est au-dessous, les vapeurs vésiculaires, au lieu de se condenser en pluie, se précipitent en particules glacées, qui, réunies en petites masses, constituent la *neige.* Kaemtz dit que plus la température de l'air s'abaisse, moins il tombe de neige, parce qu'alors l'atmosphère contient moins de vapeurs. Il est cependant constant que, dans les pays où l'hiver est très froid, il tombe chaque année de grandes quantités de neige. Il est bien vrai que dans ces pays et dans cette saison l'air contient moins de vapeurs; mais à mesure que la température se refroidit, les vapeurs formées précédemment ou apportées par les vents chauds se condensent en grande abondance, et les nimbus, au lieu de verser de la pluie, donnent de la neige.

Le *grésil* résulte probablement de ce que les flocons de neige, passant par des couches moins froides que celles où ils se sont formés, éprouvent un commencement de fusion, puis se congèlent de nouveau par suite de l'évaporation qui se produit, et du mouvement très rapide que le vent leur imprime. C'est surtout à l'époque des giboulées de mars et d'avril que le grésil tombe mêlé à de la pluie. Ce mode de précipitation est vulgairement désigné sous le nom de *neige fondue*. Il ne faut pas confondre le grésil avec la grêle, qui accompagne exclusivement les orages électriques, et dont il sera parlé au chapitre suivant.

CHAPITRE XVI

LES ORAGES ÉLECTRIQUES

Les météorologistes distinguent aujourd'hui deux sortes d'orages : les orages électriques et les orages magnétiques. Sous la dénomination d'orages électriques, nous comprenons tous les phénomènes par lesquels se manifeste l'électricité atmosphérique, c'est-à-dire les orages proprement dits, avec les météores aqueux et ignés qui les précèdent ou les accompagnent, et les trombes [1].

« Les hautes régions de l'atmosphère, disent MM. Zurcher et Margollé, sont un immense réservoir d'électricité qui s'écoule vers le sol, tantôt silencieusement, tantôt au milieu des éclats de la foudre. Le

[1] Le cadre de cet ouvrage ne me permettant pas de m'arrêter longuement aux phénomènes électriques, je me permettrai de rappeler que ce sujet a déjà été traité avec quelque développement dans mon livre *le Feu du ciel* (1 vol. in-8°, Tours, 1861). On lira avec beaucoup plus de fruit encore les écrits spéciaux sur cette matière importante, tels que la *Notice sur le tonnerre*, de F. Arago; la *Météorologie*, de Kaemtz; les *Éléments de physique terrestre*, de MM. Becquerel; *les Tempétes*, de MM. Margollé et Zurcher; les *Phénomènes de l'atmosphère*, de M. Zurcher; *les Météores*, de MM. Zurcher et Margollé, etc.

premier mode de communication se manifeste surtout en hiver. En été, quand l'air est sec, il n'est plus conducteur du fluide, qui se concentre alors dans les nuages. L'équilibre des forces électriques est rompu, et ne se rétablit que par les conflagrations de l'orage. »

Sauf dans des cas assez rares, l'orage qui va éclater est toujours précédé d'un travail sourd, plus ou moins lent, plus ou moins sensible. Son approche affecte à la fois les éléments, les êtres animés et les plantes. Les personnes nerveuses sont alors en proie à une agitation vague, quelquefois à des spasmes douloureux. Les malades, les blessés, les valétudinaires ressentent une impression pénible, qui n'est pas toujours sans gravité. Les animaux donnent des signes de malaise; les plantes elles-mêmes semblent prises de langueur, et l'on dirait qu'elles attendent avec anxiété le feu qui va les consumer, ou la pluie bienfaisante qui va les ranimer.

Ces effets sont dus à un état particulier de l'atmosphère que, dans le midi de la France, on nomme la *touffe :* espèce de calme plat où nul souffle ne vient corriger l'élévation de la température. On voit le ciel se charger de nuages très denses que le P. Beccaria comparait à des masses de coton amoncelées. Ces nuages semblent se gonfler, diminuent de nombre et augmentent de volume sans se séparer de leur première base. Les contours, d'abord nombreux et distincts, se fondent ensuite peu à peu les uns dans les autres, de manière à ne plus laisser à l'ensemble que l'aspect d'un nuage unique. A ce moment, de brusques rafales balayent en tourbillonnant la surface du sol. Puis le vent cesse, ou plutôt il remonte. Les montagnes nuageuses se mettent en mouvement, roulent les unes sur les autres, s'attirent, se heurtent, se repoussent, comme les vagues d'un sombre océan agité par une tempête intérieure. Bientôt la pluie tombe. Ce sont d'abord de larges gouttes clairsemées, puis de longs filets verticaux, de plus en plus pressés. En même temps les éclairs sillonnent les nues, le tonnerre gronde, les éclats de la foudre se succèdent à des intervalles plus ou moins rapprochés, lorsque même ils ne se produisent pas à la fois sur plusieurs points du ciel. L'orage est alors dans toute sa force. Il dure ainsi, en se déplaçant lentement sous l'impulsion du vent, jusqu'à ce que l'atmosphère se soit allégée des masses d'eau qui s'y étaient accumulées, et que l'équilibre électrique se soit rétabli.

Le symptôme essentiel et caractéristique des orages, ce sont les explosions de la foudre. Depuis les travaux de l'abbé Nollet, de Dalibard, de Buffon, du docteur Bergeret, de Romas, et surtout depuis les admirables découvertes de Benjamin Franklin, l'opinion unanime des physiciens est que la foudre est un phénomène identique par sa nature avec l'étincelle électrique qu'on tire du conducteur de la machine électrique, ou de la bouteille de Leyde; qu'il est dû à la recomposition du *fluide neutré* par la combinaison violente des électricités contraires, soit entre deux nuages, soit entre un nuage et la terre. Cette théorie toutefois, si plausible qu'elle nous paraisse, si universellement qu'elle soit admise, laisse place à des doutes et à des obscurités qui ne permettent pas encore de donner de la foudre une définition scientifique. Il faut, pour éviter toute erreur, et pour que la définition s'applique à toutes les hypothèses présentes et à venir, se contenter d'indiquer exactement les faits sensibles qui constituent ce phénomène. C'est pourquoi nous dirons, avec Arago, que la foudre est un météore qui se manifeste, quand le ciel est couvert de certains nuages, par un jet subit de lumière, et par un bruit plus ou moins fort et prolongé. Ce jet de lumière, c'est l'*éclair*. Le *tonnerre* n'est que le bruit qui accompagne l'explosion de la foudre.

Arago et la plupart des météorologistes divisent les éclairs en trois espèces.

La première comprend les éclairs *linéaires,* qui se montrent sous l'aspect d'un filet de lumière très mince et très arrêté sur les bords. La lumière de ces éclairs est toujours très vive, et en général d'un blanc bleuâtre; on en a vu cependant de rouges et de violacés. Malgré leur rapidité proverbiale, ils ne se propagent pas en ligne droite : presque toujours ils serpentent et décrivent dans l'espace une courbe sinueuse ou une courbe brisée à angles variables. Quelquefois aussi on les voit se partager, à un certain point de leur course, en plusieurs branches parfaitement distinctes. Ce sont les éclairs les plus dangereux, ceux qui atteignent le plus souvent les objets terrestres, qui portent avec eux la mort et l'incendie, et constituent proprement la foudre.

La lumière des éclairs de la seconde espèce, au lieu d'être restreinte à des traits sinueux presque sans largeur apparente, est diffuse, et embrasse d'immenses étendues. Tantôt ces éclairs n'illuminent que le contour des nuages; tantôt on dirait que ceux-ci s'entr'ouvrent pour leur livrer passage, et alors toute la surface du nuage est comme inondée de lumière. Les éclairs diffus sont de beaucoup les plus communs. « Dans un orage ordinaire, dit Arago, il s'en produit des milliers pour un éclair sinueux et fulgurant. »

Les éclairs de la troisième espèce diffèrent totalement des précédents; ils sont extrêmement rares, et remarquables surtout par deux caractères bien tranchés, savoir : leur forme sphérique, qui les a fait désigner sous le nom d'*éclairs en boule,* et leur mouvement de translation, qui est relativement très lent. Tandis que les éclairs ordinaires ne durent qu'une fraction de seconde, les éclairs en boule persistent pendant plusieurs secondes; on peut aisément les suivre et apprécier leur vitesse. Ils présentent encore d'autres particularités étranges : souvent on les voit rebondir à la surface du sol; quelquefois ils éclatent comme des bombes, avec un fracas épouvantable; d'autres fois ils laissent après eux une traînée de particules enflammées, qu'on a comparées aux fusées de nos feux d'artifice. On ignore complètement l'origine de cette sorte d'éclairs, qui a soulevé parmi les savants les plus vives discussions, et dont on serait tenté de révoquer en doute la possibilité, s'ils n'avaient été observés et décrits par des témoins dignes d'une confiance absolue.

Delandes, dans une note adressée à l'Académie des sciences sur l'orage célèbre qui éclata en Bretagne dans la nuit du 14 au 15 avril 1778, dit que l'église de Couesnon, près de Brest, fut détruite par « *trois globes de feu* de trois pieds et demi de diamètre chacun, qui, s'étant réunis, avaient pris leur direction vers l'église d'un cours très rapide. »

Le 16 juillet 1750, une maison de Dorking (Surrey) fut fortement endommagée par un coup de foudre. « Tous les témoins de l'événement, dit Arago, déclarèrent qu'ils avaient vu dans l'air de grosses boules de feu (*large balls of fire*) autour de la maison foudroyée. »

« Le 20 juin 1772, dit encore Arago, pendant qu'un orage grondait sur la paroisse de Steeple-Aston (Wiltshire), on vit dans les airs un globe de feu osciller pendant assez longtemps au-dessus du village, et se précipiter ensuite verticalement sur les maisons, où il produisit beaucoup de dégâts. »

Les savants Schübler, Muncke, Kaemtz, Peltier ont également donné la description de phénomènes semblables, qu'ils avaient eux-mêmes observés. M. le professeur Jamin cite, dans son *Cours de physique*, l'exemple suivant qu'il tenait d'une honorable personne, Mme Espert, qui habitait, lors de l'événement, la cité Odiot, près des Champs-Élysées, à Paris. « Passant devant ma fenêtre, qui est très basse, dit cette dame, je fus étonnée de voir comme un gros ballon rouge, absolument semblable à la lune lorsqu'elle est colorée et grossie par les vapeurs. Ce ballon descendait lentement et perpendiculairement du ciel sur un arbre des terrains Beaujon. Ma première idée fut que c'était une ascension de M. Grimm; mais la couleur du ballon et l'heure (six heures et demie) me firent penser que je me trompais, et tandis que mon esprit cherchait à deviner ce que ce pouvait être, je vis le feu prendre au bas de ce globe suspendu à quinze à vingt pieds au-dessus de l'arbre. On aurait dit du papier qui brûlait doucement avec de petites étincelles ou flammèches; puis, quand l'ouverture fut grande comme trois fois la main, tout à coup une détonation effroyable fit éclater toute l'enveloppe, et sortir de cette machine infernale une douzaine de rayons de foudre en zigzags, qui allèrent de tous côtés, et dont un vint frapper une des maisons de la cité, où il fit un trou dans le mur, comme l'aurait fait un boulet de canon. Ce trou existe encore. Enfin un reste de matière électrique se mit à étinceler comme une flamme blanche, vive et brillante, et à tourner comme un soleil de feu d'artifice. »

Enfin, voici à ce sujet une observation due à M. Gaultier de Claubry, et qui se rapporte à l'orage du 9 juillet 1874, à Paris.

Le thermomètre marquait 37 à 38 degrés. La couleur du ciel était ardoise, assez uniforme; quelques nuages seulement s'y trouvaient stationnaires. Deux orages se distinguaient, du S.-O. et de l'E.-N.-E., lorsqu'un coup formidable se fit entendre en même temps qu'éclatait la foudre. M. Gaultier de Claubry était à la fenêtre de son appartement, situé au quatrième étage, rue du Cardinal-Lemoine, d'où la vue est très étendue. Une flamme parut dans la rue Thouin, presque en face; une forte commotion se fit sentir.

C'est dans la rue Blainville que s'est produit le principal effet, venant de l'E.-N.-E. Une masse de feu passa par-dessus l'école des sœurs, et, après avoir dégradé quelques maisons, se précipita sous la forme d'une *boule* de 25 à 30 centimètres de diamètre sur le pavé, roula sur le trottoir et éclata. Une partie pénétra dans une boutique pour y éclater de nouveau, et fondit en partie un fil de fer fixé au plancher et qui soutenait un tuyau de poêle.

Une ouvrière resta comme pétrifiée; elle avait perdu l'ouïe, elle balbutiait et pouvait à peine se servir de ses membres. Ces symptômes disparurent promptement. Le magasin avait été rempli comme de *flammes*. La tête de la maîtresse du magasin semblait en feu; une légère brûlure à l'angle externe de l'œil droit résulta de ce phénomène.

Une forte odeur de soufre en combustion se faisait remarquer, et l'air était à peine respirable. Le concierge de cette maison, qui se trouvait sur le pas de la porte, sentit pénétrer dans ses vêtements une matière brûlante, qui lui semblait les enflammer; la lumière qui l'enveloppa était comme une *flamme*.

Une dame de la rue Thouin se vit également enveloppée de flammes. Une autre dame de la place Lacépède éprouva la même sensation et fut légèrement brûlée à la jambe. Enfin, rue Lhomond, une personne ressentit une commotion dans le bras droit, en saisissant le bouton d'une sonnette.

Le thermomètre ne marquait plus que 21 degrés après cette phase de l'orage.

Quelques météorologistes admettent une quatrième et une cinquième espèce d'éclairs.

Les éclairs de la quatrième espèce sont ceux qu'on appelle communément *éclairs de chaleur*, parce qu'ils se manifestent toujours par les temps très chauds; le vulgaire, n'entendant aucun bruit après leur apparition, les considère comme un simple effet de l'élévation de la température, plutôt que comme un phénomène électrique et orageux. Mais de toutes les théories émises sur l'origine de ces prétendus éclairs de chaleur, la plus plausible est celle qui les rattache à la seconde espèce (celle des éclairs diffus), et les attribue à des orages éloignés, dont les tonnerres ne peuvent être entendus à cause de la distance, mais dont les éclairs projettent leur lumière, soit directement, soit par réflexion, au-dessus de l'horizon. Quant à des éclairs *sans tonnerre*, l'observation n'en a point fait connaître d'une manière positive qui méritent réellement cette qualification, à moins qu'on ne l'applique aux *feux Saint-Elme*, qui, dans le système de certains auteurs, constituent la cinquième espèce d'éclairs.

Ces météores ignés étaient bien connus des anciens, qui les considéraient comme des prodiges d'un heureux augure ; et les appelaient *Castor et Pollux.* Le nom de feux Saint-Elme, sous lequel ils sont connus des modernes, vient d'une croyance très répandue au moyen âge parmi les marins, qui voyaient dans l'apparition de ce phénomène un signe de la protection de saint Elme ; et le saluaient par des cris d'allégresse et des actions de grâces. On les explique maintenant par l'état fortement électrique de nuages surbaissés qui, au lieu de se décharger violemment et par explosions, se mettent en communication avec le sol par l'intermédiaire des corps aigus et élevés, en sorte que la recomposition du fluide neutre s'opère lentement, sans autre indice apparent que des aigrettes lumineuses qui semblent attachées à l'extrémité des corps conducteurs. Il n'est pas rare que les feux Saint-Elme accompagnent les orages ordinaires, dont ils annoncent, dit-on, la fin prochaine. Mais le plus souvent ils apparaissent dans les nuits orageuses comme des flammes, ou plutôt des lueurs, — car ils sont tout à fait inoffensifs, — adhérentes au sommet des clochers, aux girouettes, aux paratonnerres, à l'extrémité des mâts des navires, à la pointe des armes des soldats en campagne, quelquefois même aux cheveux ou aux vêtements.

Plusieurs observateurs ont signalé d'autres phénomènes électrolumineux dont on pourrait faire une sixième espèce d'éclairs, et que plusieurs auteurs ont appelés, en effet, *éclairs ascendants* ou *éclairs terrestres*. Ils consistent dans de larges et brillants météores, dont la terre est d'abord le siège, et qui disparaissent au bout d'un temps

plus ou moins long, avec ou sans explosion, soit sur place, soit après
un déplacement plus ou moins étendu et plus ou moins rapide. Enfin
rien n'empêcherait de considérer comme des éclairs continus les curieux phénomènes de phosphorescence dont s'accompagnent certains
orages, dans lesquels les nuages, les gouttes de pluie, les grêlons, et

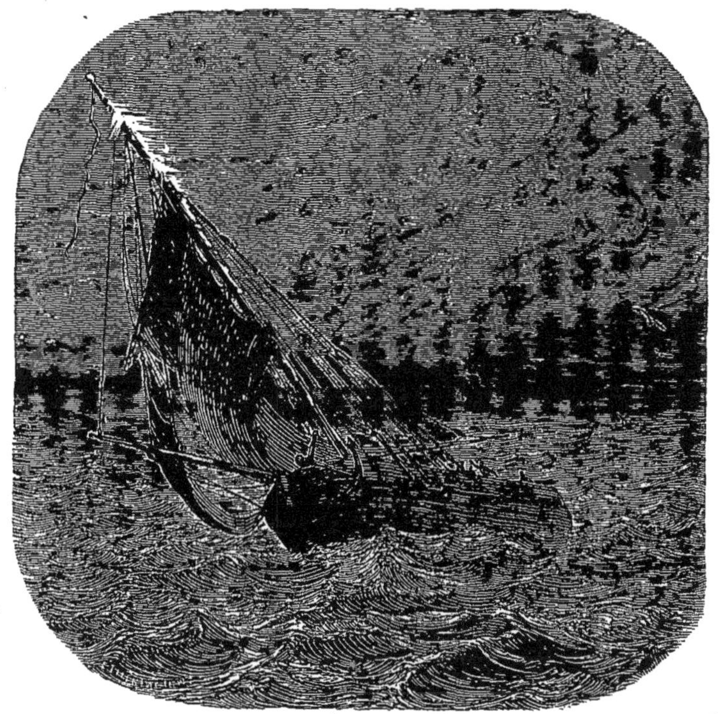

Feu Saint-Elme.

même l'eau qui ruisselle sur le sol jettent de vives lueurs blanches,
bleuâtres ou rougeâtres.

Disons maintenant quelques mots du tonnerre, qui est à la foudre
ce que la détonation est à l'explosion d'une arme à feu.

Dans la grande majorité des cas, ce bruit n'est entendu qu'un certain
temps après l'apparition de l'éclair; mais nul n'ignore qu'il se produit
dans le même instant, et que l'intervalle qui s'écoule entre les deux
perceptions est dû à la différence énorme de vitesse qui existe entre la
lumière et le son. Il est facile, d'après cela, de mesurer l'éloignement
des nuages orageux par le nombre de secondes qui sépare l'éclair du
tonnerre, chacune de ces secondes représentant une distance de trois

cent trente-sept mètres. Les plus grands intervalles sont de quarante-cinq à cinquante secondes. Tout le monde a remarqué que lorsque la foudre éclate à quelques mètres seulement de l'endroit où l'on est, le bruit se fait entendre en même temps que l'éclair brille. Dans ce cas, la détonation est extrêmement violente et de très courte durée; elle ressemble assez bien au bruit que ferait une pile d'assiettes tombant du haut d'une maison sur le pavé.

Lorsque la décharge électrique a lieu à une certaine distance, son bruit présente, selon les circonstances, des caractères très divers. Toutefois le bruit, — on pourrait dire le son du tonnerre, — est ordinairement plein, très grave et vraiment majestueux. Les expressions de grondements, de roulements, qui ont passé dans le langage usuel, rendent bien la nature de ce bruit qui se prolonge quelquefois pendant plus d'une demi-minute, avec des diminutions et des recrudescences successives d'intensité. Ces roulements inégaux, et en apparence capricieux, sont dus aux répercussions que les accidents du terrain et les nuages eux-mêmes font éprouver au son primitif.

Je dois mentionner ici ce singulier contre-coup auquel donne lieu quelquefois la « chute du tonnerre », et que les physiciens ont justement appelé le *choc en retour*.

Ce phénomène consiste en une commotion plus ou moins forte, parfois mortelle, que des hommes ou des animaux ressentent au moment où la foudre éclate, et non pas sur eux, mais à une distance qui peut être considérable. Voici comment on l'explique.

Un nuage électrisé, passant au-dessus du sol, décompose d'abord insensiblement l'électricité neutre des corps assez rapprochés de lui pour être soumis à son influence. L'électricité contraire à celle du nuage est attirée à la surface et aux extrémités supérieures de ces corps, tandis que l'autre est repoussée dans le réservoir commun. Si, après cela, le nuage s'éloigne ou s'élève sans avoir occasionné d'explosion, son influence s'évanouit graduellement. Mais supposons que la décharge vienne à s'opérer; en d'autres termes, que la foudre éclate entre le nuage et quelqu'un des corps influencés. Que se passe-t-il alors ? Le nuage, tout à l'heure chargé d'électricité négative, a recomposé son fluide neutre aux dépens du fluide positif du corps foudroyé. Son influence sur les autres corps cesse tout à coup; l'électricité positive qui s'était accumulée sur ceux-ci rentre aussitôt dans le sol, ou bien elle attire brusquement l'électricité de nom contraire, nécessaire pour la neutraliser. Ces corps sont donc foudroyés, eux aussi, bien que, pour ainsi dire, en sens inverse de celui qui a reçu la décharge, et ils éprouvent une secousse, un choc dont l'intensité dépend de leur distance au nuage et de leur plus ou moins grande conductibilité pour le

fluide électrique. Ce choc n'est d'ailleurs jamais accompagné du dégagement de chaleur et de lumière qui caractérise la décharge électrique
directe.

La crainte des dangers de la foudre a conduit les hommes à chercher les moyens de garantir eux, leurs habitations, leurs richesses,
des atteintes du terrible météore. Mais pendant bien des siècles ils
n'ont eu recours dans ce but qu'à des conjurations superstitieuses ou
à des moyens empiriques quelquefois nuisibles, toujours impuissants.
Il était réservé à Franklin de doter l'humanité du merveilleux talisman
qu'elle avait cherché si longtemps en vain. Chacun sait que le *paratonnerre* est une application de la conductibilité des métaux pour le
fluide électrique, et du *pouvoir des pointes,* constaté aussi par le célèbre
physicien de Philadelphie.

Cet admirable appareil, — je dis admirable par sa simplicité et son
efficacité, — consiste en une barre ou verge de fer fixée sur le faîte des
édifices, ou sur les navires au sommet du grand mât, communiquant
par sa partie inférieure avec un conducteur (chaîne ou tige métallique)
qui pénètre profondément dans le sol ou plonge dans la mer, et terminée à son extrémité supérieure par une pointe en platine, ou mieux
en cuivre doré.

On ne construit plus aujourd'hui un seul bâtiment de quelque importance qui ne soit surmonté d'un paratonnerre. Sur la demande du
gouvernement, l'Académie des sciences a publié en 1823 une instruction relative à la construction et à la pose des paratonnerres. Un sup-
plément a été ajouté à cette instruction en 1854, et de temps en
temps l'Académie en rappelle les dispositions, complétées ou modifiées suivant les progrès de la science. On admet qu'un paratonnerre
protège un espace circulaire d'un rayon double de sa hauteur. Ainsi
l'action d'un paratonnerre de huit mètres de hauteur s'étend à seize
mètres à la ronde. Il faut donc élever autant de paratonnerres que le
bâtiment a de fois trente-deux mètres d'étendue longitudinale.

Les orages semblent engendrer les éléments les plus opposés. Ils
n'éclatent guère que pendant les fortes chaleurs de l'été, — au moins
est-ce toujours alors qu'ils sont le plus violents, — et un de leurs
effets les plus ordinaires est de faire tomber sur la terre une pluie de
véritables glaçons, quelquefois très volumineux. Cette pluie de glaçons, la *grêle,* pour l'appeler par son nom, est encore pour les physiciens un problème incomplètement résolu. Plusieurs théories ont été
proposées pour expliquer sa formation; aucune n'a pu être acceptée
comme entièrement satisfaisante. Elles supposent toutes des circonstances qui accompagnent ordinairement, mais non pas toujours, la
chute de la grêle, ou qui ne sont guère accessibles à l'observation.

Ce qu'il y a de certain, c'est que la grêle ne ressemble point du tout au grésil, dont la formation, comme on l'a vu plus haut, s'explique aisément. Outre qu'elle ne se produit que dans la saison chaude, et qu'elle s'échappe exclusivement des nuages orageux, on a remarqué qu'elle accompagne les orages diurnes beaucoup plus souvent que les orages nocturnes. Elle consiste d'ailleurs en grains de glace, d'une forme et d'une structure particulières. Ces grains sont, en général, arrondis ou piriformes. On en voit aussi d'aplatis, d'autres anguleux, ou hérissés d'aspérités. Ils paraissent formés, pour la plupart, de couches concentriques, les unes opaques, les autres diaphanes, enveloppant un noyau central opaque, assez semblable à un grain de grésil, et qui semble être l'embryon primitif du grêlon. Quelques-uns offrent une structure rayonnée. Quant à leur volume, il est extrêmement variable. Les plus petits sont gros à peu près comme des grains de chènevis; il n'est pas rare d'en voir atteignant les dimensions d'un pois ou d'une noisette. Il en est qui ont le volume d'un œuf. On cite quelques orages qui ont fait tomber, en certains endroits, des grêlons pesant quatre à cinq cents grammes; enfin l'on a parlé de grêlons dont le poids allait jusqu'à deux kilogrammes, et qui, le 15 mai 1829, enfoncèrent les toits de plusieurs maisons dans la ville de Cazorta, en Espagne.

Il est bien établi aussi que les nuages porteurs de grêlons, au lieu de se former localement, dans quelques régions, sont toujours des météores voyageurs, erratiques; et cette observation fournit à M. Faye la base d'une théorie très ingénieuse et assez plausible de la formation de la grêle.

Au lieu de considérer isolément la manière dont, un orage étant donné, la grêle peut s'y former, il faut, selon le savant académicien, considérer à la fois, d'une manière générale, tous les caractères des orages, les distinguer et les classer. Ces caractères, dit M. Faye, sont les suivants :

1º Les nuages, qui ordinairement ne donnent aucun indice de tension électrique, sont, pendant les orages, complètement chargés d'électricité; 2º dans ces nuages, situés à 1,200 mètres, par exemple, au-dessus du niveau de la mer, il se forme incessamment des quantités de glaces énormes et, pour ainsi dire, inépuisables; 3º les orages, au lieu de se former sur place, de rester stationnaires et de se dissiper par épuisement, comme on le croyait naguère, voyagent, avec une vitesse de dix, quinze et quelquefois vingt lieues à l'heure. Les nuages n'ont qu'une étendue restreinte, et passent au-dessus d'un lieu donné en quelques minutes; mais ils parcourent souvent une longue distance et ne cessent, tout en marchant, d'engendrer et de verser la grêle. Ces

L'orage.

trois caractères essentiels des orages à grêle étant donnés, M. Faye ne pense pas qu'on en doive chercher l'origine dans les régions inférieures, dans des courants ascendants « formés on ne sait comment »; car dans les basses régions de l'atmosphère règnent : 1° un calme complet; 2° une chaleur étouffante; 3° une tension électrique à peine sensible, c'est-à-dire précisément trois conditions incompatibles avec la production de la grêle. C'est donc dans les régions supérieures qu'il faut chercher, et c'est là que l'on trouve les conditions favorables, à savoir : le froid, le mouvement et la tension électrique. En effet, Gay-Lussac a constaté, — et d'autres physiciens ont confirmé cette observation, — que la tension électrique s'accroît à mesure qu'on s'élève; à une ou deux lieues d'altitude, au-dessus de la zone des nimbus, ordinairement très peu électrisés, s'étend comme une vaste nappe d'électricité positive, qui enveloppe le globe et se meut incessamment vers l'un ou l'autre pôle, déchargeant son électricité dans le sol, soit par des coups de tonnerre, soit par des aurores boréales.

Voilà pour la tension électrique. Quant à la température des hautes régions de l'atmosphère, on sait qu'elle atteint des limites négatives telles, qu'on peut quelquefois à peine les mesurer. On sait encore que les *cirrus*, qui sont les nuages de ces hautes régions, sont exclusivement formés de petites aiguilles de glace. Enfin on connaît aussi aujourd'hui le mouvement propre des courants supérieurs, qui semblent tout à fait indépendants des couches inférieures, et qui ayant, dans nos climats, une vitesse et une épaisseur très grandes, représentent une énorme provision de force vive. Cette force vive ne descendrait pas jusqu'à nous, si les courants supérieurs avaient toujours la même vitesse. Mais il n'en est pas ainsi, et par l'effet de l'inégalité de vitesse des courants, il se forme, dans la masse aérienne supérieure, des gyrations, de véritables tourbillons ou cyclones ayant une tendance d'autant plus marquée à se propager de haut en bas, que leur vitesse est plus grande.

Ces tourbillons sont, d'après M. Faye, les véritables agents générateurs de la grêle; ce sont eux qui, d'abord, chassant à leur périphérie les aiguilles de glace des cirrus, les agglomèrent en petits grains qu'ils entraînent ensuite de haut en bas au contact et jusque dans la masse des nuages orageux. Là les grains, à raison de leur température extrêmement basse, grossissent plus ou moins en congelant à leur surface, en couches superposées, l'eau vésiculaire des nimbus. En même temps, la forte tension électrique des nappes supérieures entraînées par le tourbillon se communique au nuage, à la surface duquel s'accumule l'électricité positive, et l'orage ne tarde pas à éclater.

M. Faye cite, à l'appui de sa théorie, une très curieuse observation de feu M. Lecoq, de son vivant professeur à la faculté des sciences de Clermont-Ferrand, et correspondant de l'Académie des sciences. M. Lecoq a vu de très près, sur le Puy-de-Dôme, la grêle se former et tomber, dans des conditions qui sont bien à peu près celles que suppose M. Faye.

« Je voyais de loin, a-t-il écrit, la grêle se précipiter des nuages inférieurs et tomber sur le sol... Le nuage qui la laissait épancher avait les bords dentelés et offrait dans ces bords mêmes un mouvement de tourbillonnement qu'il est difficile de décrire. Il semblait que chaque grêlon fût chassé par une répulsion électrique; les uns s'échappaient par-dessous; les autres en sortaient par-dessus. Enfin ils partaient dans tous les sens... Après cinq à six minutes de cette agitation extraordinaire, à laquelle les bords antérieurs des nuages semblaient seuls participer, la grêle cessa, et le nuage à grêle, qui n'avait pas cessé de s'avancer très vite, continua sa route vers le nord. »

Bientôt après, M. Lecoq était enveloppé d'un second nuage à grêle. Malgré les coups de foudre qui partaient à quelques mètres de lui, il demeura courageusement pour observer jusqu'au bout le phénomène. Les grêlons avaient à peu près le volume d'une noisette et présentaient la structure ordinaire. Ils étaient nombreux, pressés, et animés d'une grande vitesse horizontale. Plusieurs vinrent frapper M. Lecoq, mais sans lui faire de mal. La majeure partie du nuage passant au-dessus de sa tête, il entendait distinctement le sifflement des grêlons, ou plutôt un bruit confus formé d'une infinité de petits bruits partiels. Notez que tout cela se passait au sein du nuage, qui ne laissa échapper sa charge de grêle qu'à une demi-lieue au delà du point où se trouvait l'observateur.

Un autre météorologiste, M. Colladon, est venu à son tour apporter à l'Académie les résultats de ses observations sur deux orages de grêle qui se sont produits en Suisse et dans le sud-est de la France le 7 et le 8 juillet 1875. L'auteur a complété et contrôlé ce qu'il a vu de ses yeux, à l'aide des descriptions publiées dans les journaux, des relations de ses correspondants personnels et des rapports officiels destinés à constater l'importance des dégâts. Ces deux orages ont été marqués par des séries d'éclairs muets, de formes très capricieuses, qui se succédaient sans interruption, surtout dans l'orage du 7. D'après les renseignements recueillis par M. Colladon, les grandes nuées électrisées d'où s'échappe parfois la grêle ne sont pas un seul corps conducteur chargé d'électricité. Elles ne forment pas non plus, comme l'avait supposé Volta, deux couches placées l'une au-dessus de l'autre à une assez grande distance, et se renvoyant de haut en bas et de bas en haut les grêlons comme les plateaux métalliques se renvoient les balles de moelle de sureau dans l'expérience de la *danse des pantins*. Toutefois la théorie que propose M. Colladon se rapproche beaucoup plus de celle de Volta que de celle de M. Faye. Selon cet observateur, les groupes orageux se composent d'un grand nombre de centres électriques distincts, assez rapprochés les uns des autres, et pouvant être assemblés diversement. Cette constitution complexe de la masse nuageuse où se forme la grêle est rendue visible par les formes capricieuses des éclairs qui sillonnent tantôt une partie, tantôt une autre de sa surface, et qui dessinent des lignes sinueuses, ou des courbes ouvertes ou même fermées, ou encore des arabesques, ou qui, d'autres fois, se divisent en plusieurs branches. Ces divers éclairs, dit M. Colladon, se montrent dans toutes les parties, mais surtout dans la partie moyenne d'un ensemble de nuages élevés « que des lueurs incessantes semblent parcourir d'une manière discontinue, chaque éclair étant composé de plusieurs lueurs successives ».

C'est entre les foyers électriques multiples dont se compose la nuée orageuse, que les grêlons sortiraient ballottés par l'effet de leur énorme tension positive ou négative, et qu'ils s'envelopperaient alternativement d'aiguilles de glace, de grains de grésil et de gouttes d'eau glacée. M. Colladon suppose que la vitesse de leurs oscillations doit se ralentir à mesure que leur volume augmente; ce qui rend assez bien compte de l'épaisseur croissante, du centre à la circonférence, des couches superposées qui enveloppent le noyau central. « En outre, on peut concevoir, ajoute l'auteur, que pendant que les grêlons sont ainsi suspendus au sein des nuages et fortement électrisés, plusieurs d'entre eux, pourvus de protubérances, doivent prendre un mouvement gyratoire comme le feraient des tourniquets électriques; ils grossissent plus rapidement dans le sens du rayon de rotation, et doivent finalement acquérir la forme de grêlons plats et réguliers, comme ceux qui sont tombés en grand nombre le 7 juillet. »

Enfin M. Planté, dans plusieurs notes présentées à l'Académie des sciences en 1875 et 1876, s'est appuyé sur des expériences de laboratoire pour affirmer que la cause génératrice de la grêle est surtout l'électricité, qui, par son accumulation dans les nuages et la puissance instantanée de ses décharges, détermine la formation subite et la chute des globules de glace. Les vents, les tourbillons, l'abaissement de la température ont sans doute aussi leur part dans le phénomène; mais cette part, selon M. Planté, est secondaire, ou plutôt préparatoire, car elle consiste seulement à placer dans des conditions convenables les éléments sur lesquels l'électricité doit exercer son action.

CHAPITRE XVII

LES TROMBES

Les orages, avec leurs traits de feu et leurs projectiles de glace, sont assurément un terrible fléau; mais l'électricité atmosphérique se manifeste quelquefois par un phénomène plus effrayant et plus étrange encore. Je veux parler des trombes.

D'après Peltier, qui les a particulièrement étudiés, ces météores, heureusement assez rares, n'ont rien de commun avec les tourbillons de vent produits par les courants qui se rencontrent. Ils sont dus exclusivement à une tension électrique extraordinaire des nuages, et c'est cette tension qui engendre, suivant le lieu où elle se forme, selon l'état de l'atmosphère ambiante, les perturbations secondaires qu'on a prises à tort pour les causes du phénomène principal. C'est cette tension du nuage qui le fait allonger verticalement et descendre vers la terre, où son influence développe et attire l'électricité de nom contraire; c'est à cette tension qu'il faut attribuer les actions attractives ou répulsives si irrésistibles que la trombe exerce sur les objets placés à la surface du sol ou sur les eaux de l'Océan.

MM. Becquerel, dans leurs *Éléments de physique terrestre et de météorologie*, définissent les trombes : « des amas de vapeurs épaisses, animées souvent d'un mouvement rapide de rotation et de translation, ayant la plupart du temps la forme d'un cône dont la base est dirigée le plus souvent vers les nuages, le sommet vers la terre, et quelquefois dans une position inverse. Ces amas font entendre un bruit assez semblable à celui d'une charrette courant sur un chemin rocailleux.

« Ces météores déracinent les arbres, les dépouillent de leurs feuilles, les foudroient, les élèvent et les transportent à de grandes distances. Ils renversent les maisons, enlèvent leur toiture, les carreaux et même les pavés, détruisent ou brisent tout ce qui se trouve sur leur passage; souvent ils déversent la pluie et la grêle; souvent aussi ils sont accompagnés de globes de feu, lancent des éclairs, font entendre le bruit du tonnerre, et se dissipent assez ordinairement après. »

Heureusement les trombes peuvent se former au-dessus de l'Océan, parcourir de grandes distances et se dissiper sans avoir rencontré un navire. Mais sur terre elles signalent toujours leur passage par des désastres, et laissent derrière elles le sol jonché de débris, et quel-quefois, hélas! de cadavres. Leurs effets, même lorsqu'ils ne sont pas meurtriers, ont toujours ce caractère d'irrésistible violence qui frappe de terreur l'homme et les animaux; ils étonnent aussi, comme ceux de la foudre, par leur bizarrerie, et l'on conçoit que les peuples igno-rants, toujours enclins à personnifier les forces de la nature, aient vu, dans ces énormes serpents noirs vomis par les nuées orageuses, des monstres infernaux ou des divinités malfaisantes.

C'est dans la zone des calmes équatoriaux que les trombes marines sont le plus fréquentes. Elles s'engendrent là dans des amas de nuages orageux qui constituent le cloud-ring. Les trombes terrestres se mon-trent aussi de temps en temps sous les latitudes chaudes et tempérées. Elles paraissent être très rares dans le voisinage des pôles.

La France a été visitée, depuis un demi-siècle, par un certain nombre de trombes, dont quelques-unes resteront tristement célèbres dans nos annales météorologiques.

M. Becquerel cite comme une des plus terribles celle qui se mani-festa à Châtenay, canton d'Écouen (Seine-et-Oise), et qui ravagea une partie de cette commune, le 18 juin 1839.

Il est peu de personnes qui n'aient lu jadis dans les journaux le lamentable récit de la catastrophe qui, en 1845, dévasta les villages de Monville et de Malaunay, en Normandie. Des maisons furent in-cendiées; une usine importante fut détruite, et un grand nombre de malheureux ouvriers furent ensevelis sous ses décombres.

Plus récemment, le 18 juin 1863, une trombe a parcouru et ravagé plusieurs communes des environs de Loudun.

A la suite d'une journée très chaude, un orage éclatait, vers six heures du soir, sur l'arrondissement dont cette ville est le chef-lieu. Presque aussitôt une trombe se forma au-dessus de la plaine d'An-gliers, à droite de l'orage, dont elle suivit parallèlement la marche. « Elle ressemblait, dit la relation publiée par le *Journal de la Vienne*, à un serpent gigantesque ou bien à une colonne torse, dont les ondu-lations étaient dues probablement au mouvement gyratoire dont le météore était animé. Elle franchit d'abord la distance qui sépare An-gliers de la Roche-Rigault, et atteignit à ce dernier point toute sa puissance. En passant du plateau de la Roche-Rigault dans la petite vallée de la Rivière, entre Maulay et Chaunay, elle éprouva un affais-sement soudain. Les nombreux spectateurs qui, du haut des collines de Maulay, suivaient sa marche avec une anxiété fiévreuse, crurent alors qu'elle s'était évanouie; mais ils la virent bientôt, avec une inexprimable terreur, se relever semblable à un immense jet de fumée, passer à quelques centaines de mètres de l'endroit où ils se trouvaient, enlever et renverser tout ce qui s'offrait sur son passage, puis rester quelques instants comme immobile, pour reprendre ensuite sa marche vers le bourg de Ceaux, où elle exerça ses derniers ravages. »

La question de la nature et du mode de génération des trombes, que les météorologistes avaient laissé dormir pendant plusieurs années, a été récemment remise à l'ordre du jour, et a été discutée fort doctement par des savants du plus haut mérite; mais on ne peut dire que, dans ce cas, une lumière bien vive ait jailli du choc des opinions. Les uns semblent avoir raison, à moins que les autres n'aient raison de leur côté, auquel cas se seraient les premiers qui auraient tort : ceux-ci distinguant profondément les trombes des cyclones, comme des phénomènes d'ordre tout différent; ceux-là, au contraire, considérant les trombes et les cyclones comme des phénomènes de même famille, sinon tout à fait de même espèce. Nous retrouvons en tête de ces derniers M. Faye, qui applique aux trombes comme aux cyclones et au fœhn sa fameuse théorie des tourbillons descendants. Parmi les autres se distingue un savant officier de notre marine, M. le commandant Mouchez, confrère de M. Faye à l'Académie des sciences. Au fond, il se pourrait bien qu'il y eût dans ce débat une question de mots plutôt que de choses, et que l'on disputât faute de s'être préalablement entendu sur la valeur des termes qu'on emploie. Mais encore, en se plaçant à ce point de vue, doit-on convenir qu'il n'est pas toujours aisé d'attribuer à tel phénomène donné le nom qui lui convient exactement. Nous avons tous lu dans les auteurs et dans les journaux la description des météores redoutables qui traversent une contrée avec une rapidité foudroyante, renversant, détruisant tout sur leur passage. Mais ces météores, que sont-ils? L'un dit *trombe;* un autre, *cyclone;* un troisième, pour ne pas se compromettre, se servira d'une expression vague : *ouragan* ou *tourbillon.* Au fait, de quoi s'agit-il? c'est ce qu'il faudrait savoir. On doit rendre au moins à M. le commandant Mouchez cette justice que, lorsqu'il a voulu donner sa théorie des trombes, les météores qu'il a décrits *de visu* étaient bien de véritables trombes et ne pouvaient être confondus ni avec les cyclones ou tempêtes tournantes, ni avec de simples bourrasques ou avec des tourbillons de vent. La trombe est, en effet, un nuage orageux affectant une forme et possédant des propriétés *sui generis;* elle ne se produit que dans des circonstances particulières, que M. Mouchez a parfaitement indiquées, et qui n'ont absolument rien de commun avec celles qui précèdent et accompagnent le cyclone.

« La trombe, dit M. Mouchez dans une note communiquée à l'Académie des sciences le 29 décembre 1873, prend toujours naissance au bas d'un nuage particulier, d'un nimbus fort dense, dont elle n'est qu'un appendice, et *elle ne paraît pouvoir se former qu'en calme plat, ou avec une très faible brise, car un vent même modéré la dissipe immédiatement.* Toutes les trombes que j'ai eu l'occasion d'observer se sont formées dans les conditions suivantes, toujours identiquement les mêmes : calme plat, ciel généralement dégagé en quelque point de l'horizon, et couvert dans d'autres de nuages noirs très denses terminés dans la partie inférieure par une ligne droite horizontale, et dans la partie supérieure par des masses floconneuses beaucoup plus claires ; la ligne inférieure se dessine souvent sur un ciel bleu ou voilé de légers cirrus.

« Quand ces circonstances se rencontrent avec d'autres circonstances encore inconnues, on voit se former, près de la partie inférieure d'un nuage, une protubérance qui s'allonge lentement vers la mer, et prend bientôt la forme d'une colonne ou tube, qui reste verticale si le calme est absolu, et s'ondule légèrement s'il existe quelque souffle de brise. Quand ce tube, dont la partie supérieure est toujours enveloppée d'un second tube ou manchon plus diffus, atteint les 4/5 environ de la hauteur du nuage, on voit la surface de l'eau commencer à bouillonner sous la trombe ; puis on aperçoit très distinctement, quand on est à une petite distance, un jet de vapeur s'élever de la mer, en gerbe verticale, autour du pied de la trombe si celle-ci est verticale, et en faisceau oblique faisant l'angle de réflexion égal à l'angle d'incidence si la trombe est inclinée. Pendant que cette émission de vapeur ou d'eau a lieu, le tube s'éclaircit de plus en plus, et finit par ne plus apparaître que sous la forme de deux traits noirs très déliés. Quand le jet de vapeur a cessé, la trombe paraît avoir terminé son œuvre, car elle commence à se dissoudre par sa partie inférieure et à remonter lentement vers le nuage, dans lequel elle va bientôt se perdre. »

Nous voilà loin des tourbillons et des tempêtes tournantes. On conviendra aussi que le météore dépeint par M. Mouchez avec la précision d'un observateur qui a vu et bien vu ce dont il parle ne ressemble guère à ceux dont on trouve en maint endroit la description et l'image, et qu'on voit représentés sous la forme d'un cône nuageux plus ou moins ondulé, au-dessous duquel s'élève de la surface de la mer un autre cône liquide. Dans ces images, la trombe semble agir par aspiration. Dans la description de M. Mouchez, au contraire, elle paraît jouer le rôle d'un puissant soufflet qui refoule l'eau et la fait bouillonner d'abord, puis jaillir en poussière. La trombe, dans sa forme la plus simple, est donc un tube où l'air est projeté de haut en bas. Ce

tube, on vient de le voir, est toujours enveloppé à sa partie supérieure
d'une sorte de manchon, ce qui est déjà fort étrange et suppose l'action
de deux colonnes d'air circulaires et concentriques. Quelle force
soudaine peut déterminer, au milieu du calme de l'atmosphère, un
mouvement vertical si étroitement et si nettement circonscrit? A quelles
lois obéit cette force, qui se manifeste, puis s'évanouit sans qu'on sache
ni comment elle prend naissance, ni pourquoi elle cesse d'agir?...

M. Mouchez n'a jamais vu que les trombes fussent accompagnées
d'éclairs ni de tonnerre. La pluie non plus ne coexiste pas avec la
trombe : elle la précède rarement; mais elle la suit presque toujours.
La durée totale du météore est de dix à vingt minutes. D'après les mesures assez exactes que M. Mouchez a pu prendre de trombes observées
par lui à une distance de un ou de deux milles dans le golfe Persique et
dans l'archipel de la Sonde, le diamètre inférieur du tube est de 5 à
10 mètres; son diamètre supérieur est deux ou trois fois plus grand;
la hauteur du nuage varie entre 200 et 500 mètres. Le clapotis de la
mer s'étend sur un cercle dont le diamètre est quatre ou cinq fois
celui du météore, et la hauteur des vagues ne dépasse pas 1 mètre;
d'où M. Mouchez conclut que les trombes ne sauraient faire courir le
moindre danger à un navire, et que même une légère embarcation,
rencontrant une trombe, ne recevrait qu'une forte douche d'eau ou de
vapeur. Tout se passe le plus tranquillement du monde, et les diverses
phases du phénomène se succèdent avec une régularité méthodique.
M. Mouchez ne sait s'il existe réellement de ces « trombes de tempête » aux allures violentes, et dont les effets terribles ont été dé-
peints par quelques narrateurs à l'imagination vive et impression-
nable. Quant à lui, il n'a jamais vu que des « trombes de calme »,
qui lui ont paru bien inoffensives, et ceux de ses collègues qui ont
été, comme lui, à même d'observer les phénomènes de la mer, se
sont accordés pour confirmer son témoignage. Pour ce qui est de l'explication physique de ce singulier météore, M. Mouchez la donne
sous toute réserve, en disant simplement que « l'impression produite
sur les témoins était exprimée par l'idée qu'une masse d'air étalée,
subitement refroidie, tombait par son propre poids à travers des
nuages doués d'une force de cohésion particulière ». Il faut avouer
que voilà une explication qui n'explique pas grand'chose; car il resterait à savoir d'où peut provenir le refroidissement subit de cette
masse d'air devenue tout à coup si pesante; comment cette masse d'air
froid et lourd se trouve isolée au milieu d'une atmosphère chaude;
pourquoi elle tombe à travers des nuages d'une certaine sorte, et non
à travers d'autres; quelle est cette « force de cohésion particulière »
dont les nuages en question sont exceptionnellement doués : autant

de points sur lesquels ni M. Mouchez ni personne n'est à même de nous renseigner.

On remarquera d'ailleurs que, dans la description qu'en donne le savant marin, il n'est nullement parlé de mouvement gyratoire ; en revanche, M. Mouchez est très affirmatif sur ce point, que l'action de la trombe est une action *foulante,* de haut en bas, et non *aspirante,* de bas en haut : en quoi elle peut se rattacher, du moins par un côté, à la théorie favorite de M. Faye.

Un savant suédois, M. Hildebrandsson, a décrit de son côté un phénomène qui est, si l'on veut, une trombe, mais à coup sûr une trombe d'une tout autre espèce que celles dont parle M. Mouchez : celles-ci, nous venons de le voir, sont incapables de faire aucun mal, et elles n'ont rien de commun avec les ouragans et les cyclones. Celle-là, au contraire, est une trombe tournante, qui a marqué son passage par de graves dégâts. Elle s'est produite le 18 août 1875, près de Hallsberg, dans la province de Kerissa, où elle a ravagé une grande étendue de pays. M. Hildebrandsson en a fait l'objet d'une enquête dont il a communiqué les résultats à l'Académie des sciences d'Upsal. M. Faye a cru reconnaître à première vue, dans la trombe de M. Hildebrandsson, un de ces tourbillons descendants qui lui sont chers, tandis que M. Hildebrandsson y voit un tourbillon ascendant et aspirant. Or il semble résulter des témoignages que la trombe était descendante, et non ascendante.

La déclaration d'un témoin oculaire, M. Lars Anderson, propriétaire à Wissberga–Utgard, ne laisse point de doute à cet égard. M. Lars Anderson raconte, en effet, qu'il était avec un valet dans la forêt au moment de la catastrophe, tout près du lieu où avait commencé la dévastation (à 130 mètres du centre et à une vingtaine de mètres seulement du bord de la trombe, d'après le plan dressé par M. Hildebrandsson). « Le temps était variable, dit-il, depuis le matin, et il pleuvait par intervalles. Quelques moments après une averse très forte, *une masse de nuages venant du sud* s'abaissa subitement au-dessus de nos têtes ; je criai avec effroi au valet de prendre garde. » Dans le même instant l'éclair tombe sur un sapin à 130 mètres d'eux ; on entend un fracas assourdissant, et en un clin d'œil tous les arbres sont renversés jusqu'à la limite de la forêt, où la trombe pratique, dit le mémoire de M. Faye, une trouée de 150 mètres de *largeur.* — Est-ce bien *largeur* qu'il faut lire ? cela semble énorme : n'est-ce pas plutôt *longueur ?*... Quoi qu'il en soit, la trombe, à partir de la lisière du bois, continue son chemin, détruisant sur son passage les maisons et couchant les blés dans les champs, « comme si l'on y avait fait passer un pesant rouleau. »

Cette dernière particularité n'est certes pas en faveur de l'hypothèse qui fait agir la trombe par aspiration, et je m'étonne que M. Faye ne l'ait pas relevée contre son adversaire. Celui-ci se préoccupe seulement de la manière dont les arbres ont été arrachés. Il remarque que, sur le bord de la trouée faite dans la forêt, tous les arbres étaient couchés obliquement au parcours de la trombe, et dirigés vers la ligne centrale : preuve évidente, selon lui, que la pression s'exerçait du dehors en dedans, et qu'il devait y avoir au centre un minimum de pression barométrique.

A quoi M. Faye réplique que, si l'on considère le mode d'action mécanique de cette sorte de tarière que constitue, selon lui, la trombe, on ne peut s'étonner que, sur plus de mille arbres arrachés ou brisés entre deux hautes bordures d'arbres restés debout, ceux des bords aient été, par la résistance élastique de cette double palissade naturelle, rejetés sur l'axe du trajet. « Ces arbres, dit M. Faye, devaient forcément, après avoir été tordus, arrachés ou cassés, retomber dans la tranchée, la cime plus ou moins dirigée vers la région centrale. » Et il insiste sur ce qui, d'ailleurs, tranche le débat, à savoir que M. Lars Anderson et son valet ont vu, de leurs yeux vu, *la trombe descendre*. Il termine en reproduisant ses conclusions antérieures, nullement entamées, confirmées au contraire, à ce qu'il lui semble, par l'exemple de la trombe de Hallsberg. Ces conclusions sont les suivantes :

1° Les mouvements gyratoires à axe vertical se produisent dans l'atmosphère aux dépens des inégalités de vitesse des grands courants horizontaux. Comme les tourbillons que nous voyons dans les cours d'eau, et auxquels ils ressemblent mécaniquement, ils sont toujours descendants. Leur fonction mécanique est d'épuiser sur le sol résistant la force vive qu'ils recèlent ; ils suivent le fil du courant supérieur, avec la vitesse uniformisée et réduite de celui-ci.

2° Les mouvements tourbillonnaires à axe non vertical ne sont pas persistants et de forme géométrique comme les premiers ; ils tendent à se détruire à mesure qu'ils se forment, et prennent ainsi l'allure de mouvements tumultueux.

3° Les mouvements gyratoires à axe vertical, connus sous les noms de *trombes*, de *tornados*, de *cyclones*, sont de même nature, et ne diffèrent essentiellement que par leurs dimensions, leur durée et l'étendue de leur parcours, etc.

Je m'arrête à cette dernière conclusion, qui est la plus importante, on pourrait dire la plus grave, et qui donne lieu à de sérieuses contradictions. Qu'il se produise dans l'air, par suite des inégalités de vitesse de courants parallèles ou par la rencontre de courants suivant des directions différentes, qu'il se produise, disons-nous, des tourbillons tout à fait comparables à ceux des cours d'eau, ayant comme ceux-ci une direction descendante, soit verticale, soit oblique, et présentant des dimensions et une puissance extrêmement variables ; que l'action aspirante attribuée par M. Hildebrandsson et par quelques autres météorologistes à ces tourbillons soit une pure illusion : sur ces deux points M. Faye aura, je le crois, facilement gain de cause, et sa théorie a du moins cette qualité précieuse d'être satisfaisante pour l'esprit et conforme aux idées générales de la cinématique. Mais où cette théorie devient difficilement soutenable, c'est lorsqu'il identifie les trombes avec les cyclones. Car si, dans le phénomène décrit par M. Lars Anderson, on reconnaît bien un tourbillon d'air entraînant dans son mouvement gyratoire et descendant une masse nuageuse électrisée, on n'y peut trouver qu'une ressemblance éloignée avec le météore nuageux très bizarre, mais au demeurant très inoffensif, que M. Mouchez a maintes fois observé.

CHAPITRE XVIII

LES ORAGES MAGNÉTIQUES

Tous les voyageurs qui ont visité les régions arctiques parlent de splendides phénomènes qui très souvent illuminent les longues nuits de ces latitudes, et remplacent jusqu'à un certain point, pour les habitants, la lumière solaire. Ces phénomènes, ce sont les *aurores boréales*, ou plutôt les *aurores polaires;* car les hardis navigateurs qui, de nos jours, se sont avancés jusqu'au delà du cercle antarctique ont observé là aussi des *aurores* semblables. Il faut donc appliquer à ce genre de météores une dénomination qui leur convienne également, soit qu'ils se produisent dans le voisinage du pôle boréal ou du pôle austral. Le mot *aurore* lui-même, servant à désigner un phénomène qui n'a rien de commun avec le lever du soleil, est loin d'être irréprochable. Aussi quelques physiciens ont-ils adopté le terme de *lumière polaire*, qui a l'avantage de ne rien préjuger relativement à la cause et à la nature, encore peu connues, de ces merveilleuses apparitions.

Il y a un siècle et demi que Halley, le premier, émit une théorie qui rattachait les aurores boréales au magnétisme terrestre. Selon de Mairan, c'étaient des lambeaux de l'atmosphère lumineuse du soleil, que la terre rencontrait sur sa route, et qu'elle emportait avec elle.

En 1740, les observations de Celsius vinrent donner raison à Halley, en établissant que, lors de l'apparition des aurores boréales, l'aiguille aimantée éprouvait une agitation inaccoutumée. Néanmoins ces deux savants n'attribuaient au magnétisme qu'un rôle secondaire dans ce phénomène, qu'ils considéraient comme essentiellement électrique. Cette opinion fut aussi celle de Franklin et de Dalton. Ce dernier produisit à l'appui de ses vues toute une théorie qu'il serait superflu de répéter. Je ne m'arrêterai pas non plus à celle de Biot, qui supposait le météore composé d'une multitude infinie de petites parcelles métalliques, servant de conducteurs aux électricités contraires des diverses couches de l'atmosphère.

Kaemtz a rattaché les aurores boréales à des effets d'induction produits par des changements dans l'intensité magnétique du globe : changements qui seraient dus eux-mêmes à des variations de température ou à toute autre cause. Cette explication, très vague, n'avançait nullement la solution du problème.

Plus récemment les physiciens sont revenus à l'hypothèse de Halley, et les expériences de Faraday, qui est parvenu à faire naître de la lumière par la seule action des forces magnétiques, les observations de Humboldt, d'Arago, du général Sabine, les admirables travaux de M. de la Rive, qui, perfectionnant encore les procédés de Faraday, a pu reproduire artificiellement, avec une étonnante exactitude, les aurores boréales; enfin les ingénieuses expériences de M. G. Planté, sur lesquelles je reviendrai tout à l'heure, — tous ces faits ne permettent plus aujourd'hui de douter que la lumière polaire ne doive être attribuée au magnétisme. Il y a plus : le général Sabine a fait ressortir, dans un mémoire présenté à la Société royale de Londres en 1862, la concordance singulière qui existe entre l'apparition des aurores boréales et les variations périodiques des taches solaires. Depuis la publication de ce mémoire, de nouvelles observations sont venues confirmer celles du général Sabine.

Ces dernières années ont vu surgir de nouvelles tentatives pour l'explication des aurores polaires et la détermination de leurs causes ; et les travaux qui ont été communiqués sur ce sujet à l'Académie des sciences peuvent encore se ranger sous les deux catégories que je viens d'indiquer : les uns attribuant le phénomène à une cause *atmosphérique,* ou du moins terrestre, c'est-à-dire admettant que le théâtre de l'action se trouve dans notre atmosphère ou à ses limites, et procède de forces physiques propres à notre globe; les autres lui assignant un caractère beaucoup plus général et lui attribuant une cause *cosmique,* qui aurait son siège soit dans le soleil, soit dans l'ensemble du système qui a le soleil pour foyer.

Un savant qui s'est fait remarquer par plusieurs publications inté-ressantes, M. Harold Tarry, un des laborieux physiciens de l'observa-toire fondé à Montsouris, combattit, en 1872, la théorie de l'origine *atmosphérique* des aurores boréales, et prit en main la cause de la théorie *cosmique* en attribuant ces phénomènes à l'action des volcans solaires. Les éruptions de ces volcans enverraient sur notre globe d'é-normes quantités d'électricité qui, arrivant sur notre planète, y pro-duiraient les orages magnétiques, accompagnés des phénomènes lumi-neux qui caractérisent les aurores boréales.

Cette même théorie cosmique des aurores polaires a été appuyée par une suite de considérations développées dans un mémoire de l'habile physicien Silbermann, où il voulait prouver que ces manifestations lumineuses sont liées au phénomène des étoiles filantes; de sorte que l'apparition d'une aurore ferait pressentir l'existence d'un essaim de corpuscules planétaires dans le voisinage de notre terre.

A la théorie atmosphérique et terrestre se rattachent les recherches plus récentes d'un autre physicien distingué, M. G. Planté, qui a com-muniqué à l'Académie des sciences, dans le courant du mois de mars 1876, un mémoire contenant l'exposé d'une explication expéri-mentale très ingénieuse des aurores polaires. Les expériences de M. G. Planté et les conclusions qu'il en déduit semblent de nature à confirmer, en les complétant, les travaux de son devancier M. de la Rive. M. Planté a mis le courant électrique fourni par une batterie puissante en présence de masses aqueuses tant à l'état liquide qu'à l'état de vapeur, et il a réussi à produire ainsi une série de phénomènes tout à fait analogues aux aurores polaires.

Quoi qu'il en soit, la connexité des aurores polaires avec le magné-tisme terrestre est aujourd'hui mise hors de doute, et l'on sait, avec non moins de certitude, que ces phénomènes ne sont qu'une consé-quence des perturbations qui se produisent dans l'équilibre des forces magnétiques du globe : perturbations que nos sens ne perçoivent pas, mais qui nous sont révélées par les oscillations insolites, on pourrait dire par l'agitation de l'aiguille aimantée. Puis il arrive un moment où l'équilibre magnétique, quelque temps rompu, se rétablit, et alors apparaît la lumière polaire. Ce n'est donc pas sans raison qu'on a donné le nom d'orages magnétiques à ces perturbations, dont la cause est encore incertaine, mais dont l'analogie avec les orages électriques ne peut être méconnue. D'après cela, la lumière polaire est aux orages magnétiques ce que les éclairs sont aux orages électriques : elle n'est point le phénomène lui-même, encore moins la cause du phénomène; elle en est l'effet et la conclusion.

On trouve dans plusieurs ouvrages des dessins représentant des au-

Lumière polaire.

rores polaires. Un grand nombre d'auteurs ont décrit ces météores avec
détail, soit *de visu,* soit d'après le témoignage d'observateurs très
dignes de foi [1]. De tous ces documents il résulte que la lumière polaire
peut se présenter sous des aspects très différents. C'est tantôt un grand

Aurore polaire observée à Bossekop en 1838.

arc lumineux entouré de jets brillants, et se dessinant sur un segment sombre qui semble reposer sur l'horizon ; tantôt c'est une sorte de
calotte parabolique dont la convexité est dirigée en haut, et qui darde
ses rayons vers la terre ; tantôt une *gloire* formée de faisceaux lumineux irréguliers qui partent d'une ligne centrale obscure ; ou bien un
arc sombre semé de plaques brillantes presque rectangulaires, et dont
la circonférence émet çà et là quelques fusées d'une lumière plus pâle ;
ou bien enfin c'est un immense rideau de lumière, s'enroulant et se
déroulant sur lui-même, et suspendu au-dessus de l'horizon. La plupart des observateurs s'accordent à dire qu'en général une aurore bo-

---

[1] Humboldt, dans son *Cosmos;* Kaemtz, dans son *Cours de météorologie;*
MM. Becquerel, dans leurs *Éléménts de physique terrestre et de météorologie,* etc.

réale se compose de trois parties distinctes, savoir : le *segment obscur*, l'*arc lumineux* et la *couronne.*

L'apparition de la lumière polaire s'annonce plusieurs heures, souvent une journée à l'avance, par la déviation et l'agitation de l'aiguille aimantée, seul symptôme sensible de l'orage magnétique. Puis le météore se forme graduellement dans la direction du pôle magnétique. Pendant l'hiver de 1838-1839, une commission de savants français, établie à Bossekop, sur la baie d'Alten (Finmark occidental), a pu se livrer sur cette apparition à des observations suivies. Le travail de ces savants est assurément le plus complet qui ait jamais été fait sur ce genre de phénomène, au point de vue descriptif. Du 7 septembre 1838 au commencement d'avril 1839, pendant une période de deux cent six jours, la commission française compta cent quarante-trois aurores boréales, qui furent surtout fréquentes du 17 octobre au 25 janvier, pendant l'absence du soleil ; de sorte que cette nuit de soixante-dix fois vingt-quatre heures offrit soixante-quatre aurores, sans compter celles que l'état trop nuageux du ciel ne laissait pas apercevoir, mais qui étaient accusées par les perturbations de la boussole.

« On voit assez souvent, dit Humboldt, des *aurores australes* dans nos climats (Dalton en a observé plusieurs en Angleterre), et l'on voit des *aurores boréales* entre les tropiques : au Mexique, par exemple, au Pérou et même jusqu'au quatrième degré de latitude australe (le 14 janvier 1831)... L'aspect du phénomène dépend de la position de l'observateur : chacun voit son aurore boréale, de même que chacun voit son arc-en-ciel. Il faut distinguer entre la zone terrestre où l'apparition lumineuse, quand elle s'y manifeste, est partout visible au même instant, et les zones beaucoup moins étendues où elle se produit presque toutes les nuits. Souvent la même aurore a été observée à la même heure en Angleterre et en Pensylvanie, à Rome et à Pékin ; seulement la fréquence de ces apparitions diminue avec la latitude magnétique, ou, en d'autres termes, elle décroît à mesure que le lieu de l'observation s'éloigne, non du pôle terrestre, mais du pôle magnétique. »

Nous avons aussi en France, de temps en temps, des aurores boréales. Elles sont bien loin, il est vrai, de la magnificence de celles qu'on admire dans les régions polaires ; mais c'est encore quelque chose, pour un citadin de Paris, de Lyon, de Pontoise ou de Quimper, pour un paysan de la Beauce ou de la Limagne, que de pouvoir dire qu'il a vu une aurore boréale. Or une foule de nos concitoyens et contemporains peuvent se donner cette satisfaction. Les aurores polaires se sont multipliées en France, dans le courant des années 1859 et 1860, à tel point qu'on a pu croire qu'elles allaient devenir pour nous, comme pour les Groënlandais et les Lapons, un phénomène vulgaire. Des aurores boréales ont été visibles en France le 1er septembre, le 1er, le 2 et le 18 octobre 1859, le 9 avril 1860, le 18 mars et le 15 avril 1869, le 24 octobre 1870, et le même phénomène s'est reproduit avec une fréquence inusitée à partir du 4 février 1872 jusqu'au mois de janvier de l'année suivante.

L'aurore polaire de 1870 fut caractérisée par des jets lumineux rectilignes analogues à ceux de l'aurore du 15 avril de l'année précédente. Je ne m'y arrête pas. Les nuits de Paris étaient alors éclairées par les lueurs sinistres de la canonade et des incendies, et l'on avait d'autres soucis que d'observer les phénomènes célestes.

L'aurore boréale du 4 février 1872 est une des plus belles que l'on ait vues en France dans notre siècle : elle offrait le spectacle d'une immense coupole illuminant le ciel de ses brillantes radiations. Plusieurs descriptions de ce magnifique phénomène furent adressées, comme d'ordinaire, à l'Académie des sciences. MM. Fron, de l'Observatoire, Salicis, Laussedat, Goulier, Chapelas, Emmanuel exposèrent les résultats de leurs observations faites à Paris. Un grand nombre d'autres personnes avaient pu contempler le splendide météore en France, en Angleterre, en Belgique, en Espagne, en Italie, et jusqu'en Turquie. Les perturbations magnétiques furent très remarquées sur toute l'étendue de la région qu'il avait visitée. A l'observatoire de Paris, il fallut renoncer à enregistrer les variations de l'aiguille, tant ses mouvements étaient précipités et désordonnés.

Les boussoles et les aiguilles des appareils télégraphiques furent dérangées et affolées à partir de quatre heures, d'abord sur la ligne de l'Est, de l'Allemagne, de l'Autriche, puis sur celle de la Suisse, par Besançon et par Dijon. A cinq heures, les fils des environs de Paris étaient eux-mêmes sous le coup de la perturbation.

La lumière de l'aurore était assez vive pour que les physiciens aient pu l'analyser au spectroscope. M. Prasmowski, M. Cornu firent des observations d'après lesquelles les raies propres à l'hydrogène, à l'oxygène, à l'azote faisaient défaut; cela prouvait que le phénomène, comme l'indique d'ailleurs une des théories que nous avons signalées plus haut, avait son siège au delà des limites de l'atmosphère.

D'autres aurores boréales ont suivi, la même année, la magnifique explosion du 4 février 1872. Celles du 9 mai, des 7 et 10 juillet, du 8 août 1872, du 7 janvier 1873, ont pu être observées sur une multitude de points, et décrites dans tous leurs détails. Les théories par lesquelles on cherche à expliquer ce merveilleux phénomène ont profité de ces études plus approfondies, et nous avons dit entre quelles opinions semble se partager encore aujourd'hui à ce sujet le monde savant.

CHAPITRE XIX

PHÉNOMÈNES LUMINEUX

Biot comparait très poétiquement l'atmosphère à un voile diaphane et brillant dont la terre serait enveloppée. Ce voile est assez transparent pour laisser arriver jusqu'à nous la lumière des astres à travers une épaisseur de plusieurs myriamètres. Sa transparence n'est cependant pas absolue : la lumière ne la traverse pas sans obstacle. Une partie, très faible à la vérité, est absorbée; le reste est soumis à des modifications qui varient selon l'état de l'atmosphère.

Nous avons déjà vu que c'est en se réfléchissant en tous sens sur les particules de l'air que la lumière se répand partout autour de nous; que des objets qu'elle ne frappe pas directement sont néanmoins éclairés, et que l'air la fait pénétrer avec lui jusque dans les endroits les plus retirés. Nous avons vu aussi que l'azur du ciel est encore un effet de la réflexion des rayons lumineux par les molécules de l'air[1]. Mais il n'est peut-être pas hors de propos de s'arrêter un instant à ce remarquable phénomène, le premier qui frappe l'attention lorsqu'on aborde l'étude de l'optique atmosphérique.

On sait que la lumière blanche se compose de sept lumières partielles, qu'il est possible de rendre distinctes les unes des autres en faisant passer un faisceau de rayons solaires à travers un prisme de cristal. Les éléments qui composent ce faisceau, étant inégalement réfrangibles, se séparent, et si l'on place un écran derrière le prisme, on voit s'y peindre une figure de forme elliptique allongée, où l'on distingue sept branches transversales diversement colorées, et disposées dans l'ordre suivant : violet, indigo, bleu, vert, jaune, orangé, rouge. Cette figure, c'est le *spectre solaire*.

Les teintes si diverses que présentent les corps s'expliquent d'une manière très satisfaisante par la propriété que ces corps possèdent de décomposer la lumière blanche, d'absorber certains rayons colorés et d'en réfléchir certains autres. Les corps blancs sont ceux qui réfléchissent la lumière sans la décomposer; les corps noirs sont ceux qui ab-

[1] Il convient d'ajouter ici que, d'après les récentes et ingénieuses expériences de M. Tyndall, les corpuscules, les poussières que l'air tient en suspension jouent un rôle considérable dans la réflexion et la diffusion de la lumière.

sorbent la totalité des rayons colorés : ce qui revient au même que
s'ils n'en recevaient point. Dans l'obscurité absolue, tous les corps sont
noirs. Cela posé, il est aussi aisé de se rendre compte de la couleur
bleue de l'air que de la couleur de toute autre substance solide, liquide
ou gazeuse.

L'air, en vertu de sa transparence, laisse passer sans la décomposer
la plus grande partie de la lumière solaire. Une autre partie est réflé-
chie, mais tous ses éléments ne le sont pas également : l'air laisse
passer plutôt les rayons de l'extrémité rouge du spectre, et réfléchit de
préférence les rayons bleus. Le bleu est donc la couleur par réflexion
des particules de l'air. Seulement, comme cette couleur est très faible,
elle ne devient perceptible que lorsque l'air est en grande masse.

« Lorsqu'un corps réfléchit de préférence certains rayons de lumière blanche, disent MM. Becquerel, c'est qu'il transmet ou absorbe
les rayons complémentaires. Ainsi les particules d'air qui reçoivent
un faisceau de lumière blanche réfléchissent une partie de ce faisceau,
mais principalement les rayons bleus, et transmettent ou éteignent les
autres.

« L'optique des gaz, ajoutent ces savants physiciens, n'est pas encore assez avancée pour que l'on puisse connaître avec certitude toutes
les circonstances d'absorption et de transmission des rayons à travers
l'air ; mais d'après toute probabilité, en suivant la marche d'un faisceau de rayons solaires qui traversent une masse d'air, ce faisceau
doit perdre des rayons bleus par la diffusion sur les particules d'air, et
devrait devenir jaunâtre s'il traversait une couche atmosphérique suffisamment épaisse. D'après cela, l'air, de même que l'eau, doit être
classé parmi les substances qui sont d'une couleur différente par réflexion et par transmission. »

Le changement qui s'opère dans la lumière transmise à travers des
couches d'air d'une grande épaisseur est un fait aisé à constater pour
tout le monde. En effet, même par un temps parfaitement serein, à
mesure que le soleil incline vers l'horizon et que, par conséquent, ses
rayons ont à traverser, pour arriver jusqu'à nous, une épaisseur gazeuse
plus considérable, sa lumière devient plus jaune, et elle s'affaiblit au
point qu'on peut le regarder sans fatigue, tandis que nul œil ne peut
supporter son éclat lorsqu'il est au zénith. Or cet affaiblissement et cette
altération de la lumière solaire ne peuvent être attribués à l'éloignement
de l'astre, et sont dus exclusivement à l'action absorbante de l'air. Il
faut tenir compte toutefois, comme le font observer MM. Becquerel, des
vapeurs dont l'air le plus pur n'est jamais exempt, et qui jouent sans
doute un grand rôle dans ces phénomènes : ainsi se produisent les
teintes jaunes ou rougeâtres que prennent à nos yeux le soleil et la lune

vus à travers les nuages. Lorsque, à certains jours, le soleil couchant se montre d'une couleur rouge, cela tient évidemment à ce que nous le voyons à travers une atmosphère chargée de vapeurs ; aussi cette couleur du soleil est-elle généralement, et non sans raison, considérée comme un pronostic d'humidité

Tout le monde sait que le jour commence peu à peu avant que le soleil émerge au-dessus de l'horizon, et que, le soir, il ne s'éteint entièrement qu'un certain temps après la disparition de l'astre : qu'en un mot on passe, par une transition insensible, de la nuit au jour et du jour à la nuit. Cette transition, ce clair-obscur qui précède le lever et qui suit le coucher du soleil, constitue le *crépuscule*. C'est encore un effet de la diffusion de la lumière au sein de l'atmosphère, et nous connaissons maintenant l'origine des teintes dorées et pourprées dont l'horizon se colore, et qui se reflètent plus ou moins sur toute la voûte céleste. L'aspect du ciel pendant le crépuscule dépend de la quantité, de la nature et de la disposition des vapeurs et des nuages dont il est chargé. Lorsque le ciel est parfaitement pur, tout se réduit à une coloration jaunâtre ou légèrement rosée qui se répand sur sa partie orientale ou occidentale; lorsque l'horizon est nuageux, le crépuscule est accompagné de ces effets de lumière si variés et souvent si splendides, que nous avons tous mille fois admirés, et dont la reproduction fidèle est un des triomphes de l'art du paysagiste. Il arrive ordinairement alors qu'entre les nuages dont les bords reflètent les rayons dorés du soleil, cette nuance, se mêlant à l'azur du ciel, se change en un vert tendre, qui va se fondre avec le bleu pâle des couches plus rapprochées du zénith. Toutes choses étant d'ailleurs supposées semblables, les effets crépusculaires sont à peu près les mêmes le matin et le soir; mais ils se produisent suivant un ordre inverse, puisque, dans le premier cas, le soleil se lève au-dessus de l'horizon, et que, dans le second, il se couche au-dessous. On remarque en outre que l'aurore, ou crépuscule du matin, a une durée moindre que le crépuscule du soir. C'est que la durée du crépuscule dépend de la hauteur de l'atmosphère, « ou, pour parler plus exactement, dit Biot, de la hauteur des parties de l'air dont la densité est encore assez grande pour renvoyer une lumière sensible. » Elle varie par conséquent avec la température, puisque par la chaleur l'air se dilate et augmente de hauteur, et que par le froid il se contracte et sa hauteur diminue. Or à la fin de la journée, surtout en été, les couches inférieures de l'air, qui réfléchissent le plus abondamment la lumière, se sont échauffées et dilatées; à la fin de la nuit, elles se sont refroidies et condensées. Notons aussi que, par les mêmes causes, l'atmosphère est ordinairement plus nuageuse, mais aussi plus limpide le soir à l'occident que le matin à l'orient. Avec l'air échauffé durant le jour, les vapeurs se sont dissoutes, les nuages se sont élevés, et hormis le cas de mauvais temps, où la masse sombre des nimbus dérobe aux regards le soleil couchant, l'horizon ne présente guère que des cumulus et des strato-cumulus, dont les contours bien limités et les formes rectilignes ou arrondies se prêtent merveilleusement aux jeux de la lumière. Le matin, avant le lever du soleil, les vapeurs se sont précipitées, les nuages se sont abaissés, l'atmosphère n'a qu'une transparence laiteuse qui éteint en grande partie les « feux de l'aurore ». De là, entre les effets de l'un et de l'autre crépuscule, une dissemblance qui a été remarquée par la plupart des observateurs.

On comprend aisément que si l'inégalité de température entre le soir et le matin influe sur les durées relatives du crépuscule, les saisons et les climats doivent exercer sur ce phénomène une action encore plus sensible. Ainsi on constate qu'en été les lueurs du jour apparaissent longtemps avant le lever, et persistent longtemps après le coucher du soleil. En hiver, au contraire, le jour se lève brusquement, et la nuit tombe avec rapidité.

Entre les climats chauds et les climats froids, la différence de durée du crépuscule est encore plus sensible; mais elle tient alors moins à l'état de l'atmosphère qu'à la position géographique du lieu. Il ne faut pas oublier que l'éloignement angulaire du soleil au −dessous de l'horizon pendant la nuit est d'autant plus grand qu'on approche davantage de l'équateur, et d'autant moindre qu'on est plus près du pôle.

Lorsque le soleil et la lune sont près de l'horizon, ils donnent lieu à une illusion d'optique qui leur prête à nos yeux des dimensions beaucoup plus considérables que celles que nous leur attribuons lorsqu'ils approchent du zénith. Il suffit cependant de les regarder à travers un tube de carton ou de verre noirci pour les retrouver tels que nous les voyons au sommet du firmament. « Cette illusion, disent encore MM. Becquerel, doit être attribuée à la même cause qui nous fait paraître le ciel comme une voûte surbaissée; en effet, nous apercevons vers l'horizon une succession de corps dont nous jugeons facilement la distance relative, et dont nous sommes habitués à comparer les grandeurs et les positions; nous pensons alors que l'atmosphère doit s'étendre bien au delà de ces corps, et que les astres sont situés beaucoup plus loin ; tandis que vers le zénith rien ne se trouve disposé pour nous permettre de comparer la position et la distance des objets. Il résulte de là que les distances dans le sens vertical sont beaucoup plus mal appréciées que dans le sens horizontal, et que nous pouvons quelquefois nous tromper beaucoup dans nos évaluations. Comme nous croyons les objets et les astres plus éloignés dans le sens horizontal

Le mirage.

que dans le sens vertical, quoique nous les voyions toujours réellement sous le même angle visuel, il en résulte qu'ils nous paraissent
plus grands dans le premier cas que dans le second : c'est une question de jugement, et non d'évaluation angulaire; car, vers l'horizon,
le diamètre vertical est plus diminué par l'effet de la réfraction qu'il ne
l'est au zénith. »

La scintillation des étoiles est une autre illusion d'optique produite
principalement par l'inégale réfraction que la lumière éprouve en traversant tour à tour des couches d'air tantôt plus, tant moins denses.
La scintillation consiste dans un déplacement apparent de l'astre, et
dans les changements que semblent éprouver son intensité lumineuse
et même sa couleur. Ces changements sont très rapides; on dirait que
l'étoile oscille et tremble sur son axe, que son rayonnement s'affaiblit et se ravive d'un instant à l'autre; qu'elle est tour à tour jaune,
rouge, verte, bleue. C'est auprès de l'horizon que la scintillation est le
plus intense. Elle est aussi beaucoup plus remarquable dans les étoiles
fixes que dans les planètes; elle dépend d'ailleurs de l'état du ciel.
D'après les observations de Kaemtz, elle est très marquée quand des
vents violents règnent dans l'atmosphère, et quand le ciel est alternativement serein et couvert.

La même cause qui produit cette scintillation engendre dans des circonstances particulières, et heureusement très restreintes, une illusion
d'un tout autre genre, dont le nom a une triste signification, et qu'on
emploie toutes les fois qu'on veut exprimer une leurre funeste, un
espoir décevant. C'est le *mirage* que je veux dire. Le mirage est un
phénomène de réfraction. Avant de le décrire et de l'expliquer, il est
indispensable de rappeler en peu de mots ce que c'est que la réfraction.
Rien de plus simple.

Toutes les fois qu'un rayon de lumière passe obliquement d'un
milieu diaphane dans un autre de densité différente, il est dévié de sa
direction primitive. Si le second milieu est plus dense que le premier,
le rayon se rapproche de la perpendiculaire, ou, comme on dit en
physique, de la *normale* au point d'incidence. Il s'en éloigne, au contraire, en passant d'un milieu plus dense dans un milieu moins épais.
Toute la théorie de la réfraction est là.

Et maintenant, lecteur, veuillez vous transporter avec moi par la
pensée dans un des grands déserts de l'Afrique ou de l'Asie. Suivons
des yeux une caravane, ou, si mieux vous aimez, un détachement de
notre armée, cheminant sous un ciel d'airain, sous un soleil de feu, à
travers cette mer de sables brûlants. Depuis plusieurs jours ils marchent ainsi sans avoir pu rencontrer un bouquet d'arbres pour s'y
reposer à l'ombre, une source pour y tremper leurs lèvres desséchées.

La fatigue les accable, la soif les dévore. Tout à coup ils aperçoivent dans le lointain quelques palmiers, quelques broussailles poussant parmi des rochers, et se reflétant dans une nappe limpide. Point de doute : c'est un lac, un vrai lac au milieu du désert! c'est de l'eau que, par miracle, le soleil n'a pas pompée! Ils vont donc pouvoir étancher leur soif! Que dis-je! ils savourent déjà en espérance les délices d'un bain! Leur courage se ranime; ils doublent le pas; ils marchent, ils marchent; mais à mesure qu'ils approchent la vision s'affaiblit, et lorsque, exténués, consumés, ils atteignent le but, ils reconnaissent avec désespoir qu'ils ont été les jouets d'une inconcevable illusion. Ils ne trouvent au pied des roches et des palmiers qu'un peu de terre à peine humectée par quelque infiltration souterraine, et là où ils avaient vu distinctement une nappe d'eau, ils foulent toujours de leurs pieds meurtris un sable rougeâtre et calciné. C'était un mirage!... Lors de l'expédition d'Egypte, l'armée de Bonaparte fut vivement impressionnée par ce phénomène étrange, et jusque-là mystérieux pour la science même. Ce fut l'illustre Gaspard Monge qui en donna le premier l'explication, dans un mémoire présenté par lui à l'Institut du Caire, et inséré dans la *Décade égyptienne*, revue scientifique spécialement consacrée à la publication des travaux de cette compagnie.

J'essayerai de résumer brièvement la théorie du célèbre géomètre, aujourd'hui reproduite dans tous les traités de physique élémentaire.

Lorsque le soleil darde ses rayons sur le sol sablonneux des déserts, celui-ci est porté à une haute température qui se communique aussitôt aux couches d'air les plus voisines et les dilate fortement. La couche d'air en contact immédiat avec le sol, étant la plus échauffée, est aussi la plus dilatée; puis la densité des couches augmente jusqu'à une certaine hauteur où elle est maxima, et elle va ensuite en diminuant dans les régions supérieures de l'atmosphère. Cela posé, soit, par exemple, A un palmier poussé, comme poussent les palmiers, sur un filon de terre un peu moins desséché que le sable environnant. Considérons seulement son sommet A par rapport à un observateur placé en B, supposé sur le même plan horizontal. Quelques-uns des rayons partis du sommet du palmier arriveront directement à l'œil de B, et lui feront voir l'arbre dans sa position réelle. Mais d'autres rayons, tels que A R, tomberont obliquement sur la première couche C C' d'air raréfié, où ils se réfracteront en s'éloignant de la normale *n m*. En pénétrant dans les couches de moins en moins denses, au-dessous de C C', le même rayon A R sera de plus en plus dévié, jusqu'à ce qu'il arrive à une couche-limite inférieure, où son obliquité sera telle qu'il se réfléchira et se relèvera, en traversant de nouveau les couches d'air, cette fois de plus en plus denses. Alors, au lieu de s'éloigner de la normale, il s'en rapprochera au contraire, et arrivera, en décrivant une courbe R B symétrique à la première, jusqu'à l'observateur. Celui-ci rapportera naturellement la position de l'image apportée par le rayon A R B à la direction B A' suivant laquelle le rayon est venu frapper

Explication du mirage.

sa rétine, et verra par conséquent le point A en A'. En appliquant la même construction aux autres points du palmier A, on comprend facilement que l'observateur placé en B doit percevoir une image renversée du palmier, telle qu'il la verrait si cet arbre se réfléchissait sur une nappe d'eau. Le mirage se présente quelquefois sous d'autres apparences, mais il est toujours dû à une cause semblable.

Revenons sous notre climat inégal et brumeux : la lumière du soleil et celle de la lune, modifiées par les vapeurs vésiculaires, par les gouttelettes d'eau et les aiguilles de glace que l'atmosphère tient en suspension, vont nous présenter encore plus d'un curieux phénomène. En voici un qui, depuis le jour où, selon le récit biblique, il apparut au patriarche Noé comme le signe de l'alliance conclue entre le Seigneur et le genre humain, n'étonne plus personne, mais qui n'a rien perdu de sa beauté, et qui est demeuré aux yeux du peuple un signe favorable, la promesse du beau temps après l'orage. Les mythologues grecs en avaient fait l'écharpe d'Iris, messagère des dieux. On l'a nommé l'*arc-en-ciel*. Nous verrons ci-après jusqu'à quel point ce charmant météore mérite sa bonne réputation.

Dans les nuances brillantes dont il se pare, et dans l'ordre suivant

L'arc-en-ciel.

lequel elles sont disposées, il est facile de reconnaître d'abord un effet analogue à celui du prisme, c'est-à-dire un effet de la dispersion ou de la décomposition des rayons lumineux ; mais le phénomène est un peu plus compliqué. L'arc-en-ciel se forme dans les nues opposées au soleil, et qui commencent ou qui achèvent de se résoudre en pluie ; ou, pour mieux dire, ce n'est pas dans ces nues elles-mêmes qu'il se forme, mais dans les gouttelettes liquides qui s'en échappent. On observe également sinon des arcs, au moins des tronçons d'arcs-en-ciel sur la pluie artificielle formée par une cascade ou par un jet d'eau. Chaque gouttelette d'eau représente une petite sphère translucide où les rayons sont à la fois réfractés et décomposés, puis réfléchis, et viennent frapper l'œil de l'observateur lorsque, par leur réflexion, ils coïncident avec son rayon visuel. La forme affectée par les arcs-en-ciel vient de ce que les rayons efficaces qui arrivent à l'œil doivent faire un angle constant de 42° environ avec la droite qui va du soleil à l'œil, et l'astre, au lieu d'être circulaire, aurait une forme différente, que l'axe serait le même. Leur peu d'épaisseur tient à ce que les rayons, pour donner naissance au jeu multiple de lumière que je viens d'indiquer, doivent frapper les gouttelettes sous un certain angle. L'apparition du météore dépend donc des positions relatives du soleil et des nuages, et de celle de l'observateur. On a établi que les arcs-en-ciel ne se produisent que lorsque le soleil est à moins de 42° 2' au-dessus de l'horizon, ce qui n'a lieu que le matin et le soir.

Le 16 février 1873, M. Gaston Tissandier, dans une ascension consacrée à des expériences météorologiques, a observé un phénomène des plus curieux, un arc-en-ciel entièrement circulaire. M. Boussingault a fait remarquer, à ce propos, que ce fait est communément observé dans les ascensions sur les montagnes, et il en a cité plusieurs exemples.

Il est rare que l'arc-en-ciel soit simple; presque toujours il est double. Dans ce cas, l'arc intérieur est celui dont les nuances sont les plus vives. L'arc extérieur est plus pâle, et ses couleurs sont disposées dans un ordre inverse. Et maintenant l'arc-en-ciel annonce-t-il le beau temps, comme on le croit communément? Pour répondre à cette question, analysons le phénomène.

Une averse, un orage vient de passer. La nuée pluvieuse a suivi sa course dans l'atmosphère, ordinairement de l'ouest à l'est, ou du sud-ouest au nord-est. Le soleil à son déclin, que le nimbus voilait tout à l'heure, est maintenant découvert; il rayonne sur lui, et donne naissance à l'arc-en-ciel. Voilà une présomption pour le rétablissement du beau temps. Toutefois le nimbus passé peut bien être suivi d'un autre, le soleil disparaître de nouveau au bout de quelques instants, et la pluie recommencer : rien n'assure le contraire. Mais au lieu de supposer le soleil près de se coucher, supposons qu'il vient de se lever. Le vent souffle encore de l'ouest ou du sud-ouest. La pluie tombe, de ce côté de l'horizon, en face du soleil. L'arc irisé apparaît; bientôt les nuages couvriront le ciel, et l'averse sera générale. Cette fois, loin d'annoncer le beau temps, le brillant météore n'aura annoncé que la pluie. En résumé, l'apparition de l'arc-en-ciel ne prouve avec certitude qu'une seule chose : c'est qu'il pleut à un endroit peu éloigné de celui où se trouve l'observateur; ce qui n'est jamais un très bon pronostic. Il faut donc se contenter de l'admirer, sans prétendre en tirer, non plus que de tant d'autres phénomènes, aucun oracle.

Si le soleil est près de l'horizon, et qu'une personne lui tournant le dos soit placée de manière que son ombre se projette, soit sur un nuage ou sur un rideau de brouillard, soit encore sur l'herbe d'une prairie, sur un champ de blé ou sur toute autre surface couverte de rosée, cette personne voit, autour de l'ombre de sa tête, projetée sur le nuage ou sur la surface humide, une auréole irisée, dont la lueur, très vive vers le centre, va en diminuant d'intensité jusqu'à une certaine distance. Ce phénomène, appelé *anthélie* (ἀντί, contre; ἥλιος, soleil), est dû, comme l'arc-en-ciel, à la réfraction et à la réflexion de la lumière solaire par les gouttelettes ou les vésicules aqueuses. Il est surtout fréquent dans les régions polaires et sur les montagnes. Souvent, au lieu d'une seule auréole, on en aperçoit deux ou trois qui sont concentriques. Quelquefois même, mais rarement, il se forme un quatrième cercle; ce dernier a été appelé *cercle blanc* et *arc-en-ciel d'Ulloa*. « Le 23 juillet 1821, dit Kaemtz, Scoresby vit quatre cercles concentriques autour de sa tête : le premier était blanc ou jaune, rouge ou pourpre; le second, bleu, vert, jaune, rouge et pourpre; le troisième, vert, blanchâtre, jaunâtre, rouge et pourpre; le quatrième, verdâtre, blanc et plus foncé sur les bords. Les couleurs du premier et du second étaient très vives; celles du troisième, visibles seulement par intervalles, étaient très faibles, et le quatrième n'offrait qu'une légère teinte de vert... Le cercle n° 4, auquel Scoresby assigne un diamètre de quarante degrés environ, parait être fort rare; toujours est-il que je ne l'ai vu que deux ou trois fois dans les Alpes, peut-être parce que les nuages étaient trop petits. »

M. Achille Cazin, un des savants envoyés en 1874 par l'Académie des sciences à l'île Saint-Paul pour observer le passage de Vénus sur le soleil, signale un phénomène lumineux de l'air qui est assez fréquent dans les montagnes. Au coucher du soleil, l'ombre des cimes se projette sur le ciel comme sur un écran, et dessine leurs formes. Pour que cela ait lieu, il faut que l'atmosphère contienne des particules aqueuses en suspension, sans doute trop rares pour prendre l'aspect des brumes ou des nuages. M. Cazin a vu cet effet dans son ascension au volcan de la Réunion. Le cône actif se dessinait très nettement dans la partie est du ciel; l'observateur était à 2,500 mètres de hauteur.

Les pitons isolés doivent reproduire le même phénomène fréquemment; peut-être la proximité de la mer est-elle favorable, parce qu'il y a dans l'air des particules flottantes venant de l'eau.

On confond souvent, sous les noms de *couronnes* et de *halos*, deux genres de météores lumineux auxquels le soleil et la lune peuvent également donner naissance, mais qui n'ont du reste ni la même cause ni les mêmes apparences.

Les couronnes sont dues à une modification de la lumière solaire ou lunaire transmise à travers les vapeurs vésiculaires, et ne se montrent que lorsque ces vapeurs sont interposées entre le soleil ou la lune et l'observateur. Celui-ci remarque alors, autour de l'astre, deux ou trois anneaux concentriques colorés en rouge sur leur bord extérieur, et en violet sur leur circonférence intérieure. L'éclat de la lumière diurne fait qu'on ne les aperçoit guère autour du soleil, tandis que les couronnes lunaires se voient très souvent. C'est un phénomène de diffraction, et non de réfraction. Les couronnes, d'après MM. Becquerel, sont fréquentes quand des lambeaux de cumulus passent devant la lune. On ne distingue les couronnes solaires qu'en regardant le ciel auprès de cet astre à l'aide d'un verre noirci; elles semblent alors très brillantes.

Le phénomène des halos est si complexe, qu'il est difficile, non seulement de l'expliquer, mais même de le décrire. Les physiciens sont d'accord aujourd'hui pour l'attribuer à une réfraction produite par les myriades de petites aiguilles de glace prismatiques dont se composent certains nuages très élevés, tels que les cirrus et les cirro-stratus. Les halos consistent en des cercles et fragments de cercles colorés, qui se forment en avant du soleil ou de la lune. Deux ou trois de ces cercles sont concentriques à l'astre qui les produit; ils ont le rouge en dedans, et le violet en dehors. Rarement on les voit ensemble.

Les modifications atmosphériques qui donnent naissance à ces cercles concentriques peuvent également engendrer un cercle blanc parallèle à l'horizon et dont la circonférence passe par l'astre éclairant. On observe aussi, dans certains cas, une autre bande blanche verticale, qui, coupant le cercle horizontal, forme une croix encadrée dans le halo, et parfois s'y termine. C'est sur ces bandes blanches qu'apparaissent les images du soleil ou de la lune appelées *parhélies* (παρά, auprès; ἥλιος, soleil) et *parasélènes* (παρά, auprès; σελήνη, lune). Ces apparences colorées sont placées près des intersections du cercle parhélique et du halo, mais un peu plus éloignées du centre lumineux, et l'éloignement augmente à mesure que l'astre est plus élevé sur l'horizon. Les parhélies sont colorés comme les halos, et ont souvent un prolongement en forme de queue sur le cercle parhélique où ils se trouvent. On peut voir aussi une image de l'astre à l'opposite de celui-ci, au second point de croisement des cercles parhéliques supposés tous deux prolongés. (Becquerel.)

Le capitaine Back a observé un halo lunaire de vingt-deux degrés avec une croix blanche au milieu terminée au halo, puis quatre parasélènes aux extrémités des branches de la croix. Enfin, indépendamment des halos proprement dits ou cercles concentriques à l'astre, des cercles parhéliques et paraséléniques, des parhélies et des parasélènes

on voit quelquefois des cercles tangents aux halos, et des portions
d'arcs elliptiques très compliqués. On peut donc, en résumé, distinguer dans les halos trois sortes d'apparences : les halos proprement
dits, ou cercles concentriques ; les cercles blancs passant par l'astre, et
sur lesquels se montrent les parhélies et les parasélènes ; et les cercles
tangents.

Au delà de ces météores, fugitifs comme les vapeurs qui les produisent, pâles et changeants reflets de la clarté des astres, on peut
observer, surtout dans le voisinage de l'équateur, un phénomène qui,
par la période de ses apparitions aussi bien que par son caractère
grandiose, n'est comparable qu'aux aurores polaires. De même que
celles-ci illuminent les longues nuits des zones glaciales, de même le
brillant météore dont je veux parler éclaire, d'une lumière toutefois
plus douce, les nuits uniformes des tropiques. On lui a donné le nom
de *lumière zodiacale*, parce qu'il est toujours compris dans la zone
d'environ vingt degrés de largeur, autrefois appelée zodiaque, dont
l'écliptique occupe le milieu, et dans laquelle sont comprises les douze
constellations ou *signes* qui correspondent aux divisions de l'année.

La lumière zodiacale fut signalée pour la première fois à l'attention
des savants par Kepler. Children, chapelain du duc de Somerset, la
décrivait vers 1661 dans sa *Britannia Baconica*. Mais ce ne fut qu'en 1683
qu'elle fut étudiée avec soin par Dominique Cassini. Depuis lors on a
constaté que ce n'est point, comme on l'avait pu croire d'abord, une
apparition accidentelle ; qu'elle a existé de tout temps, et qu'elle présente toute la régularité d'un corps céleste accomplissant sa révolution
périodique. Si tant de siècles se sont écoulés sans qu'on l'ait remarquée, il faut l'attribuer à ce que dans nos climats elle est rarement
visible, et à ce que les astronomes qui l'avaient vue avant Kepler,
Children et Cassini, l'avaient prise soit pour une comète, soit pour un
reflet de la lumière solaire, soit pour tout autre météore indéterminé.
Ces erreurs ne sont plus possibles depuis que les voyageurs européens
ont pu observer avec suite, pendant des mois et des années, le ciel de
la zone équinoxiale, où elle se montre dans tout son éclat, avec ses
phases normales de croissance et de décroissance. Mais qu'est-ce que
cette lumière ? Elle a été l'objet de bien des hypothèses, qu'il serait
superflu de reproduire. Les dernières recherches l'ont exclue du do-
maine de la météorologie proprement dite, pour la rattacher à la
constitution astronomique de notre système planétaire, et il ne reste
plus désormais que deux opinions en présence. L'une, émise par Kepler
et soutenue depuis par Laplace, John Herschell et Biot, fait de la lumière zodiacale une nébulosité appartenant à cette atmosphère solaire
très diffuse qui, suivant les calculs de M. Enke, s'oppose au mouve-

ment des comètes. L'autre la considère comme émise par un anneau
lenticulaire propre à notre planète et analogue à celui qui entoure Saturne. Cette dernière hypothèse est adoptée aujourd'hui par la plupart
des astronomes. Les observations de MM. Heiss et Jones lui donnent
un très haut degré de probabilité.

Quoi qu'il en soit, la lumière zodiacale, à peine visible de temps à

Lumière zodiacale.

autre dans nos climats, où elle n'apparaît que comme une lueur blanchâtre et diffuse, constitue sous les tropiques une nébulosité très dis-
tincte, ayant la forme d'une pyramide ou plutôt d'un segment lenticulaire. Elle est légèrement inclinée sur l'horizon, et se montre
immédiatement avant le lever et après le coucher du soleil, au point
même où celui-ci va apparaître ou vient de disparaître. Son éclat égale
ou surpasse celui de la voie lactée. Quiconque, dit Humboldt, aura
passé des années entières dans la zone des palmiers, conservera toute sa
vie un doux souvenir de cette pyramide de lumière qui éclaire une partie

des nuits toujours égales des tropiques. Il m'est arrivé de la voir aussi
brillante que la voie lactée dans le Sagittaire, non pas seulement sur
les cimes des Andes, à ces hauteurs de trois à quatre mille mètres où
l'air est si pur et si rare, mais aussi dans les immenses prairies de
Venezuela, et au bord de la mer, sous le ciel toujours serein de Cu-
mana. Quelquefois pourtant un petit nuage se projette sur la lumière
zodiacale, et tranche d'une manière pittoresque sur le fond lumineux
du ciel. Alors le phénomène devient d'une grande beauté. »

Bien que cette nébulosité soit certainement extérieure à l'enveloppe
gazeuse de notre globe, tout porte à croire qu'elle exerce sur cette enveloppe et sur la terre elle-même une influence qui, si elle se véri-
fiait, expliquerait peut-être certaines anomalies apparentes dans le
cours des saisons et dans la distribution des températures.

CHAPITRE XX

LES PRODIGES

Il nous reste à étudier un petit nombre de phénomènes que la croyance
au merveilleux et l'ignorance des lois éternelles qui régissent l'univers
ont fait attribuer, durant des siècles, à des causes surnaturelles. Qui
de nous n'a entendu parler de ces pluies de pierres, de feu, de sang,
de soufre ou d'animaux immondes, de ces coups de foudre éclatant
dans un ciel serein, de tous ces prodiges dont les récits, amplifiés par
les peureux et les mystificateurs, ont si longtemps épouvanté le vulgaire, et que les princes et les grands eux-mêmes redoutaient autrefois comme des signes de la colère céleste, comme des présages de
malheur? Parmi ces prétendus prodiges, il en est dont la science rend
aujourd'hui parfaitement compte; il en est qu'elle n'a pas eu le souci
d'expliquer, car ils ont cessé de se produire partout où l'on a cessé d'y
croire. Enfin, s'il en est encore dont l'origine précise ait échappé à ses
investigations, elle a démontré du moins surabondamment qu'ils n'ont
rien de surnaturel, rien de dangereux, et méritent à peine qu'on s'en
occupe.

On ne saurait toutefois ranger dans la catégorie des phénomènes
insignifiants la chute des masses minérales plus ou moins volumi-
neuses, qui de temps à autre tombent littéralement du ciel, et dont

on peut voir de nombreux échantillons dans les collections publiques ou particulières. Ces masses sont connues sous le nom de *pierres météoriques*, de *météorites*, d'*aérolithes*. Le plus souvent elles tombent isolément; mais parfois aussi elles pleuvent en quantités considérables et sur d'assez grandes étendues. Depuis que les personnes quelque peu raisonnables ont cessé de voir dans les aérolithes des projectiles lancés par des dieux ou des démons, et doués, en conséquence, de propriétés miraculeuses, les physiciens se sont mis en devoir de trouver à ces singuliers météores une origine naturelle. Mais les solutions proposées ne furent d'abord guère plus admissibles que les croyances superstitieuses des anciens. La moins déraisonnable était peut-être celle qui supposait les aérolithes projetés par des volcans, et transportés par le vent à des distances énormes.

A la fin du siècle dernier, l'Académie des sciences de Paris, mal satisfaite des explications qui lui étaient soumises et n'en pouvant trouver de meilleures, avait pris le parti de trancher la question en niant purement et simplement la possibilité du phénomène, et en déclarant imposteurs ou hallucinés ceux qui prétendaient avoir vu le toit de leur maison enfoncé par une pierre venue du firmament. Il fallut, pour la faire hésiter dans son incrédulité, qu'un éminent physicien allemand, Chladni, prît la peine de démontrer par des preuves concluantes l'existence réelle des aérolithes, et que le ciel, intervenant dans le débat pour convaincre les saints Thomas de l'Institut national, fît tomber, le 26 avril 1803, près de Laigle, une véritable grêle de météorites.

En présence d'un pareil fait, le scepticisme n'était plus de mise. Les savants français durent suivre l'exemple de leurs confrères étrangers, observer, s'enquérir et faire en sorte d'établir sur les faits dûment recueillis une théorie rationnelle.

Le physicien Chladni, sans avoir jamais touché ni vu d'aérolithe, avait conjecturé, dès 1794, que ces météores avaient, selon toute apparence, même origine que ces corps lumineux qu'on voit la nuit traverser l'espace avec une prodigieuse rapidité, et que tout le monde connaît sous le nom d'*étoiles filantes*. Il avait engagé les astronomes de tous les pays à observer en même temps ces « étoiles tombantes » dans la même partie du ciel, à remarquer leur direction, à mesurer leur hauteur et leur vitesse, ne doutant pas que ces données, une fois acquises, ne les conduisissent sûrement à la solution du problème. D'après ces indications, deux jeunes étudiants de l'université de Gœttingue, Brandes et Buzenberg, s'étaient imposé la tâche de passer les nuits « à la belle étoile », afin d'épier sur la voûte du firmament le passage des astéroïdes. Vingt-deux observations faites en 1790 leur donnèrent, pour la hauteur de ces météores, une moyenne de soixante-huit mille mètres, et pour leur vitesse, de vingt-sept mille à quarante mille mètres par seconde. Plus tard, en 1823, Brandes trouva, comme résultat de quatre-vingt-dix-huit observations, un minimum de hauteur de vingt-quatre mille mètres, et un maximum de sept cent quarante mille ; quant à la vitesse, elle variait de vingt-neuf mille à cinquante-neuf mille mètres par seconde. Des résultats différents ont été obtenus depuis par Wartmann et Quételet, ce qui prouve seulement que la hauteur et la vitesse des étoiles filantes ou *bolides* sont très variables. Il résulte également d'un grand nombre d'observations que leur direction est en général opposée à celle du mouvement de la terre. Quant à leur grosseur, voici quelques-unes des mesures qui peuvent être considérées comme les plus exactes : le bolide de Weston (Connecticut), observé le 14 décembre 1807, cent soixante-deux mètres de diamètre ; le bolide observé par Le Roi, 10 juillet 1771, environ trois cent vingt-cinq mètres ; celui du 18 janvier 1873, estimé par sir Charles Blagden à huit cent quarante-cinq mètres.

Si les pluies de pierres et même la chute d'aérolithes isolés sont des faits assez rares, il n'en est pas de même de l'apparition des bolides ou étoiles filantes. Il suffit, en tout temps, de regarder de ciel pendant quelques heures, lorsque l'atmosphère est pure, pour voir paraître et disparaître plusieurs de ces brillants météores ; et à certaines époques de l'année, notamment du 12 au 14 novembre et vers le 10 août, jour de la Saint-Laurent, ils deviennent extrêmement nombreux, au point de donner quelquefois le spectacle d'un magnifique feu d'artifice.

Puisque des millions de corpuscules célestes voyagent ainsi dans la région occupée par notre système, et s'approchent jusqu'à une distance de quelques myriamètres de la planète que nous habitons, on ne doit point s'étonner que de temps à autre des fragments s'en détachent, et, obéissant à la traction terrestre, viennent s'engloutir dans notre océan ou tomber sur nos continents. Il est aujourd'hui très peu de physiciens et d'astronomes qui doutent de la commune origine des aérolithes ou météorites, et des bolides ou étoiles filantes. Mais cela ne veut point dire qu'il soit aisé de se rendre compte de toutes les circonstances qui accompagnent l'apparition ou la chute de ces météores.

On a vainement essayé, par exemple, d'expliquer leur éclat lumineux. On a cru d'abord qu'ils s'échauffaient jusqu'à la température du rouge blanc en traversant, avec la foudroyante rapidité que l'on sait, les couches supérieures de l'atmosphère ; mais les chiffres cités plus haut montrent que, dans la grande majorité des cas, ils se meuvent à une distance assez considérable des limites de notre enveloppe gazeuse. Poisson a bien supposé qu'au delà de ces limites le fluide électrique neutre formait comme une continuation de cette enveloppe, et que c'était en décomposant ce fluide par le frottement que les bolides s'échauffaient et devenaient lumineux ; mais c'est là une hypothèse purement gratuite, et sans aucune vraisemblance. Il faut donc, sur ce point, confesser pour le moment notre ignorance. Nous ne savons pas davantage quelle cause amène dans la sphère d'attraction du globe terrestre quelques-uns de ces astéroïdes, lorsque tant d'autres continuent pendant des milliers de siècles leur course à travers l'espace.

Tout porte à croire que cette course est soumise aux mêmes lois que celle des grands corps célestes : des planètes, ou peut-être des comètes. Cette dernière assimilation a été soutenue d'une façon très ingénieuse par le baron Reichenbach, et M. W. de Fonvielle l'a développée avec beaucoup d'esprit et d'imagination dans une notice dont j'ai cité plus haut quelques lignes [1]. Cet écrivain ne serait pas éloigné de voir dans les bolides et les météorites des comètes condensées : ce qui expliquerait, selon lui, la disparition de tel de ces astres errants, dont on attend en vain le retour. « Peut-être, dit-il, la comète de Charles-Quint, qu'attend inutilement un spirituel académicien, est-elle ensevelie au fond de quelque océan, sans que personne ait pu noter sa chute ; peut-être son cadavre repose-t-il au fond de quelque collection, tandis que M. Babinet la cherche encore dans l'infini des cieux. »

Cette thèse n'est pas, du reste, aussi paradoxale qu'on pourrait le croire, et l'illustre Humboldt lui-même ne la taxait point d'extravagance. Il se demandait si les molécules dont se composent ces pierres météoriques si compactes n'étaient pas originairement à l'état gazeux, ou simplement disséminées comme dans les comètes, et si elles ne se condensent pas dans le météore au moment même où celui-ci commence à briller à nos yeux. Et en effet, cette condensation, si elle pouvait être établie, suffirait à expliquer, par le dégagement de la chaleur latente, l'état igné des bolides.

Quoi qu'il en soit, l'origine cosmique des aérolithes est aujourd'hui, je le répète, généralement reconnue. Leur composition chimique et leur contexture ne permettent point de les confondre avec les minéraux terrestres. On les divise en deux classes : les météorites métalliques, essentiellement formés de fer et de nickel, et les météorites pierreux, dont la composition est beaucoup plus complexe. « Au reste, dit Humboldt, toutes ces masses météoriques possèdent un caractère commun, quelles que soient les différences de leur constitution chimique interne : c'est un aspect bien prononcé de fragment, et souvent une forme prismatique ou pyramidale à sommet tronqué, à faces larges et un peu courbes, à angles arrondis. »

[1] Deuxième année de l'*Annuaire scientifique.*

« Les aérolithes, dit d'autre part M. de Fonvielle, revêtent en tombant une espèce de livrée. Généralement cette enveloppe se montre teinte en noir par de l'oxyde de fer ; quelquefois le silicate vitrifié est d'un blanc marbré par quelques taches brunes... D'autres fois la surface est couverte d'une couche de matière noirâtre qui tache les doigts... ; mais dans tous les cas l'extérieur est invariablement recouvert par une matière que l'action d'une chaleur violente a vitrifiée. »

Quant aux circonstances qui accompagnent la chute des aérolithes, elles sont, il faut l'avouer, fort extraordinaires, et bien faites pour frapper vivement l'imagination. Presque toujours la chute des fragments est précédée de l'apparition d'un globe en ignition qui, après avoir parcouru obliquement ou horizontalement un certain espace, éclate avec un fracas semblable à celui du tonnerre. Comme d'ailleurs le phénomène est tout à fait indépendant de l'état de l'atmosphère, et se produit aussi bien par le beau que par le mauvais temps, on ne doit pas s'étonner de voir les anciens auteurs signaler comme des prodiges de prétendus coups de foudre éclatant dans un ciel serein. Pour eux, tout météore se manifestant par une vive lumière et une explosion violente était une foudre. De nos jours encore le vulgaire confond, sous le nom de *pierres de foudre,* les pierres météoriques et les *fulgurites,* matières terreuses que la foudre proprement dite a fondues et vitrifiées, et qu'on prend pour des projectiles lancés par le tonnerre.

« Ces phénomènes, dit Humboldt, se présentent aussi sous un tout autre aspect : d'abord un petit nuage très obscur apparaît subitement dans un ciel serein ; puis, au milieu d'explosions qui ressemblent au bruit du canon, les masses météoriques sont précipitées sur le sol. On a vu quelquefois ces nuages parcourir des contrées entières, et en joncher la surface de milliers de fragments très inégaux, et de nature identique.» C'est ce qui eut lieu à Laigle en 1803, comme on l'a vu plus haut.

Remarquons en terminant qu'il s'en faut de beaucoup que les explosions de ce genre soient toujours suivies de la chute d'aérolithes. Souvent, à ce qu'il semble, la matière du bolide est réduite en poussière impalpable ; elle ne se montre que sous la forme d'un nuage qui se dissipe, et dont les éléments vont tomber on ne sait où. M. de Fonvielle en cite un exemple très curieux. « Il y a quelques années, dit-il, un météore éclata, près de Vienne en Autriche, au-dessus d'un camp où se trouvaient réunis près de quarante mille hommes. Chaque soldat entendit le fracas épouvantable que fit l'aérolithe en approchant du sol ; chacun vit la traînée lumineuse qu'il laissa derrière lui ; des milliers de curieux se répandirent immédiatement dans les champs. Vains efforts : on ne put retrouver la trace du globe qui avait annoncé sa présence par de si bruyantes détonations. »

Il y a quelques années, un fait analogue s'est produit dans le midi de la France. Un témoin oculaire, M. Garrigues, en a adressé de Montauban aux journaux de Paris la relation suivante : « Le 14 mai, à huit heures du soir, une étoile filante, dont la direction était contraire à la marche du soleil, a été observée ici, ainsi qu'à Moissac, Cahors, Villefranche-du-Rouergue et autres lieux circonvoisins. Semblable d'abord à une fusée qui laisse une trace de feu, elle a grossi rapidement, a éclaté et nous a présenté une masse lumineuse qui a répandu le plus vif éclat. Une minute après son passage, ce qui doit faire supposer qu'elle était à une distance de terre de vingt kilomètres au plus, un bruit semblable à celui du tonnerre dans le lointain s'est fait entendre pendant quinze à vingt secondes. Peu après des vapeurs épaisses et blanchâtres, qui occupaient encore la partie du ciel où venait de s'accomplir le phénomène, ont disparu insensiblement, et ne nous ont laissé que le souvenir de cette apparition. »

Les explosions météoriques non suivies de la chute de fragments ne pourraient-elles pas expliquer les *pluies de cendres* dont quelques auteurs ont fait mention? Il faut bien, en effet, que la poussière des aérolithes, si elle ne se précipite pas immédiatement, aille tomber quelque part après un temps plus ou moins long. On ne doit pas oublier non plus que les explosions dont il s'agit, lorsqu'elles ont lieu pendant le jour et à une très grande hauteur, peuvent n'être ni vues ni entendues, et se manifester uniquement par une averse de poussière. C'est ainsi qu'un navire américain, *le John Bates,* fut, il y a peu d'années, couvert, en pleine mer, d'une pluie de poussière ferrugineuse, dont une petite quantité, examinée par le baron Reichenbach, s'est trouvée être d'une structure identique à celle des grands aérolithes.

Il est permis aussi d'attribuer aux pluies de cendres une origine volcanique, puisqu'on sait que tous les corps très divisés peuvent être transportés par le vent à de très grandes distances. Tous les météorologistes connaissent sous le nom de *brouillard sec* un phénomène qui, d'après Kaemtz, n'est pas extrêmement rare dans l'Allemagne méridionale, et est surtout commun dans l'Allemagne septentrionale et en Hollande. Les plus célèbres sont ceux de 1783 et de 1834. Le premier parcourut du nord au sud l'Europe entière, s'étendit jusqu'en Syrie. En certains endroits, il fut tellement épais qu'il laissait à peine distinguer les objets, en pleine campagne, à cinq kilomètres de distance, et leur donnait une teinte gris bleuâtre. Le soleil était rouge, sans éclat; on pouvait le regarder en plein midi.

« Le brouillard sec si épais de 1834, dit Kaemtz, venait en partie de la combustion des tourbières et des incendies qui ont signalé cette année. Pendant qu'on l'observait à la fin de mai dans le Harz et aux environs de Bâle, il y avait des incendies dans les tourbières. Ainsi, en particulier, la tourbière de Duchau, en Bavière, brûla jusqu'à la profondeur de deux mètres cinq centimètres, et l'incendie se propagea même par-dessous des fossés pleins d'eau. Aux environs de Munster et dans le Hanovre, plusieurs tourbières furent consumées. Plus tard, en juillet, il y eut des incendies terribles de forêts et de tourbières en Prusse près de Berlin, en Silésie, en Suède et en Russie; la sécheresse favorisait la propagation des incendies et le transport de la fumée. »

Le 18 mars 1873, on observa un phénomène analogue à Alexandrie; une pluie étant survenue, l'eau recueillie était trouble, gris jaunâtre et chargée d'une matière ferrugineuse; ce qui peut être attribué à l'existence dans l'air, au moment de la chute de la pluie, de ce qu'on a appelé du nom de brouillard sec, brouillard dont l'origine reste le plus souvent hypothétique.

Je ne m'arrêterai pas, à ce propos, aux prétendues pluies de graines, d'animaux, de sang et de soufre, auxquelles on croyait fermement il y a quelques siècles, et qui, de nos jours encore, défrayent parfois les légendes rustiques et même les *canards* des journaux. Ce sont là des fables qui n'ont d'autre fondement que des apparences grossières dont les gens les plus ignorants peuvent seuls être dupes. Il arrive parfois, il est vrai, qu'*après* une forte pluie, — j'entends une pluie d'eau, — le sol se trouve jonché de graines de céréales ou d'autres plantes, ou d'animaux tels que des crapauds, des grenouilles, des chenilles. Évidemment la pluie a entraîné ces graines de quelque montagne voisine; elle a forcé ces animaux à sortir de leurs retraites, ou les a fait tomber des arbres; mais il faut une forte dose de naïveté unie à un violent besoin de croire à l'impossible, pour admettre que les nuages engendrent ou recèlent de semblables produits. Quant aux poussières rougeâtres et jaunes qui parfois colorent la neige ou la pluie et se répandent à terre sur d'assez grandes étendues, et qu'on a prises pour des *pluies de soufre* et *de sang*, elles s'expliquent : les premières, par le développement de végétaux cryptogames ou d'animaux infusoires; les secondes, par la présence du *pollen* (poussière fécondante) de certains végétaux, tels que les pins, les sureaux, les lycopodes, que le vent transporte au loin, comme il transporte les cendres et la fumée des volcans et des incendies, et que la pluie entraîne avec elle. Il peut arriver aussi que la poussière rougeâtre qui tombe avec la pluie ou la neige soit de nature minérale ou ferrugineuse. Dans ce cas, il faut lui attribuer une origine volcanique ou météorique.

CHAPITRE XXI

LES PROPHÈTES DU TEMPS

Notre étude des phénomènes de l'air serait incomplète, si nous ne consacrions pas, en terminant, quelques pages au problème, tant de fois abandonné et repris, de la prédiction du temps.

Ce genre de prédiction est très populaire en France. Outre qu'il flatte le goût de la foule pour toute espèce de divination, il a sur les prophéties vulgaires des sorciers, des cartomanciens, des chiroman-ciens, des magnétiseurs et des spirites, une double et incontestable supériorité. En premier lieu, il s'applique à un ordre de faits dont la connaissance anticipée serait, pour l'agriculture et la navigation, c'est-à-dire pour la civilisation et l'humanité, un immense bienfait. En second lieu, il n'a rien en soi qui répugne au bon sens, car on conçoit très bien qu'il pourrait être rationnellement établi sur l'observation et le calcul; et telles sont, en effet, les bases qu'on prétend lui donner. Reste à savoir jusqu'à quel point cette prétention est fondée dans l'état actuel des choses.

Sans aucun doute, la recherche des causes qui engendrent les phénomènes météorologiques, des lois qui les régissent et des signes qui les précèdent, est légitime, et il n'entre dans la pensée de personne qu'elle doive être reléguée, comme celle de la quadrature du cercle et du mouvement perpétuel, au rang des problèmes insolubles. Aussi n'est-ce pas cette recherche elle-même que les maîtres de la science refusent d'encourager : c'est la marche qu'on y a suivie, ce sont les procédés qu'on y a mis en œuvre jusqu'ici. Ce qu'ils reprochent aux modernes prophètes du temps, ce n'est pas de poursuivre un but chimérique, c'est de s'engager dans une voie mauvaise, de partir de principes erronés ou de données insuffisantes; de prendre des coïncidences fortuites pour des rapports constants; de rattacher à des causes simples et invariables des phénomènes essentiellement complexes et variables; de vouloir enfin appliquer à la prévision de ces phénomènes une méthode qui ne convient qu'aux phénomènes réguliers et périodiques.

Certes, les médecins connaissent l'organisme humain beaucoup

mieux que les gens qui se mêlent de prédire le temps ne connaissent
l'atmosphère. Que dirait-on cependant d'un médecin qui, même après
avoir examiné, ausculté une personne et s'être mis au fait de ses
antécédents et de ses habitudes, non content de donner un diagnostic
général et approximatif de son état à venir, voudrait annoncer avec
précision, année par année, mois par mois, jour par jour, les périodes
de santé et de malaise, les maladies et les indispositions qui l'attendent? On le taxerait assurément de charlatanisme, ou tout au
moins de témérité. Que dire donc de ces météorologistes improvisés
qui, après avoir compulsé quelques registres d'observations, se font
fort de prédire plusieurs années à l'avance, « avec une précision ma-
thématique, » les variations du temps? — Mais n'anticipons point
et soumettons rapidement au criterium de la logique scientifique les
principaux systèmes de prédiction météorologique qui ont occupé de
nos jours le public et le monde savant. — Il s'agit, bien entendu, de
la prédiction *à longue échéance*. Quant à la prédiction *à courte échéance*,
telle que l'ont entendue et pratiquée le commandant Maury à Washing-
ton, l'amiral Fitz-Roy à Londres, M. Marié-Davy à Paris, elle présente
un tout autre caractère, ne vise point à la prophétie, et ne se targue
pas d'une infaillibilité absolue. J'y reviendrai tout à l'heure.

Je ne sais pourquoi la lune jouit, parmi les prophètes du temps et
leurs innombrables adhérents, d'une confiance illimitée, tandis que le
soleil, personnage astronomique bien autrement considérable, n'entre
jamais pour rien dans leurs combinaisons. On trouverait difficilement
une personne sur cent qui, parlant de la pluie et du beau temps, ne
fasse pas intervenir les quartiers de la lune dans ses commentaires et
dans ses conjectures sur l'état de l'atmosphère. Il est universellement
admis que chaque phase de l'évolution mensuelle de la lune doit être
marquée par un changement de temps; et comme il est rare que le
temps ne change pas au moins quatre fois dans un mois; comme ces
changements coïncident parfois avec la phase nouvelle, et qu'à défaut
d'une coïncidence exacte on se contente volontiers d'une coïncidence
approximative, le fait doit, dans ces conditions, donner bien souvent
raison à la théorie. Si l'on demande aux partisans de la lune de justifier cette théorie par quelque argument plus scientifique, ils ne manquent jamais d'invoquer l'exemple des mouvements diurnes de l'Océan.
Mais à ce compte, les marées ayant lieu deux fois par jour, ne faudrait-il pas que le temps changeât aussi avec la même périodicité, et
ces changements ne devraient-ils pas suivre exactement toutes les
phases de la révolution lunaire? Nous avons vu précédemment que,
d'après les calculs de Bouvard et de Laplace, l'influence de la lune
sur les déplacements de l'air est tout à fait insignifiante et n'affecte

point les couches inférieures. Arago, et après lui M. Delaunay et M. Faye ont entrepris de faire justice, dans.des notices spéciales, des préjugés qui règnent relativement à l'influence de notre satellite sur le temps. N'importe! le préjugé persiste, et les astrologues de la météorologie s'obstinent à prendre pour base de leurs pronostics les mouvements de la lune.

Il y a un certain nombre d'années, à un de ces moments où le besoin d'un système de prédictions météorologiques *se.fait généralement sentir,* un journal de Paris fit connaître une méthode « tout empirique » (cette fois au moins, on l'avouait telle), proposée, disait-on, par feu le maréchal Bugeaud, qui s'en était longtemps servi pour son propre compte, tant dans ses opérations militaires que dans ses entreprises agricoles, et ne l'avait trouvée que rarement en défaut. Cette méthode consistait dans la règle de probabilité assez.bizarre que voici :

Onze fois sur douze, le temps se comporte pendant toute la durée de la lune comme il s'est comporté au cinquième jour de cette lune, si, le sixième jour, le temps est resté le même qu'au cinquième; et *neuf fois seulement sur douze,* il se comporte comme au quatrième jour, si le sixième jour ressemble au quatrième. »

Il est évident que, dans un très grand nombre de cas, c'est-à-dire toutes les fois que le sixième jour de la lune ne ressemblait ni au cinquième ni au quatrième, la règle était inapplicable, et que d'ailleurs l'appréciation de cette ressemblance était nécessairement arbitraire. Quant à justifier théoriquement cette règle, l'illustre maréchal n'avait jamais eu une telle prétention, et personne après lui ne s'avisa de l'entreprendre. Mais un honorable négociant du Havre, M. de Conninck, eut la curiosité de la mettre à l'épreuve, et la trouva exacte six mois sur dix. Pour les quatre autre mois, elle n'avait pu servir. Une méthode prophétique aussi timide et aussi restreinte ne pouvait avoir grand succès. Elle fut vite oubliée. La lune le fut aussi pour quelque temps. Un laborieux et patient astronome, Coulvier-Gravier, qui s'était voué pendant plus de cinquante ans à l'étude des étoiles filantes, s'avisa de faire intervenir, sinon.comme auteurs, du moins comme messagers certains.des perturbations atmosphériques ces enfants perdus de notre famille.planétaire. Certes, l'idée était nouvelle, inattendue. Coulvier-Gravier passait pour un observateur.sérieux; le gouvernement lui avait, dès 1851, accordé au palais du Luxembourg un local spécial d'où il pût contempler le ciel à son aise. Ses *Recherches sur les météores et sur.les lois qui les régissent,* publiées en 1859, furent lues avec intérêt par les savants et par les amis des sciences; ses communications ultérieures à l'Institut furent écoutées attentivement. Après tout, se disait-on, il y a peut-être du bon dans cette théorie. Biot,

en 1856, déclarait stériles toutes les recherches relatives aux lois météorologiques, parce que, disait-il, on prenait l'observation *par en bas*
au lieu de la prendre *par en haut.* Ce reproche ne pouvait s'adresser à
Coulvier-Gravier. Il est, au contraire, permis de trouver qu'il plaçait
beaucoup trop haut le siège des perturbations atmosphériques, bien
qu'il ne les fît pas remonter jusqu'à la lune.

Goulvier-Gravier divisait l'atmosphère en cinq zones ou couches,
dont la plus élevée, et aussi la plus vaste, était, selon lui, celle où
s'enflammaient les météores filants. Il affirmait, en outre, que « les
divers produits naissant dans l'air et en faisant partie, pondérables ou
non, traversent en certains moments, et à partir des hauteurs les
plus élevées de l'atmosphère jusqu'à la terre, toutes les tranches des
diverses régions et des zones atmosphériques, de même que ces produits remontent ensuite de la terre vers le haut, pour reprendre la
place qui leur est habituelle ». Il ajoutait : « Une fois le fait bien
acquis[1], ce mouvement atteste combien est grande la force qui vient
d'en haut et cause toutes les transformations atmosphériques, pour se
faire jour à travers tant de résistances accumulées les unes sur les
autres, et qu'elle doit vaincre. »

Cette force, suivant lui, réside dans la zone des étoiles filantes, qu'il
regarde comme *toutes différentes des aérolithes.* « C'est, dit-il, dans
l'apparition des étoiles filantes, et principalement dans les diverses
particularités qu'offre le parcours de leurs trajectoires, que se trouvent
les signes de toutes les variations de l'atmosphère, donnant naissance,
comme tout le monde le sait, aux divers produits météoriques, etc. »

Ainsi ce n'est pas seulement la lune que Coulvier-Gravier détrône
au profit de ses étoiles filantes : c'est le soleil, le soleil lui-même! Ce
n'est plus, comme tous les physiciens l'ont cru et démontré, la chaleur
des rayons solaires qui est l'agent essentiel des changements météorologiques : c'est une *force* d'une puissance extraordinaire, qui traverse l'atmosphère de haut en bas, pour y engendrer les *produits
météoriques;* après quoi elle remonte prendre sa place dans l'empyrée,
séjour des étoiles filantes. Coulvier-Gravier n'admet pas qu'il y ait rien
de commun entre ces étoiles et les aérolithes. En cela du moins il fait
preuve de logique; car il ne peut accorder aux premières qu'une masse
extrêmement faible, au plus égale à celle des comètes, pour supposer
qu'elles soient entraînées par les mouvements d'un air aussi raréfié
que celui de sa « cinquième zone ». Il se présente bien encore quelques difficultés : par exemple, la hauteur des étoiles filantes, — hauteur qui dépasse de plusieurs kilomètres les limites assignées à notre

---

[1] Mais encore faudrait-il qu'il le fût, et il est fort contestable.

enveloppe gazeuse par les évaluations les plus élevées, comme on l'a vu au chapitre précédent, et leur vitesse, hors de toute proportion avec celle des courants atmosphériques les plus rapides. Mais un prophète ne s'embarrasse pas pour si peu, et Coulvier-Gravier ne s'en croit pas moins fondé à déterminer, à partir du mois de mai, d'après l'inspection des trajectoires des étoiles filantes à cette époque, la constitution météorologique de l'année entière.

Revenons à la lune : c'est Mathieu (de la Drôme), mort en 1865, qui nous y ramène.

Rejeté à la fois dans l'exil et dans l'oisiveté par le coup d'État du 2 décembre, après avoir joué un certain rôle politique[1], Mathieu (de la Drôme), un beau jour, s'improvisa météorologiste. Les théories sur lesquelles il a tenté d'étayer son système de prédictions montrent assez combien il était peu versé dans la physique et l'astronomie : ce qui n'empêcha pas les journaux (non pas les journaux scientifiques toutefois) de le qualifier bénévolement de « savant astronome ». Ces théories sont exposées tout au long dans l'*Annuaire* et dans l'*Almanach Mathieu*, publiés par l'éditeur Plon. Car Mathieu (de la Drôme) n'a pas craint de mettre à profit la similitude de son nom avec celui du fameux Matthieu Lænsberg, et de faire concurrence aux *Liégeois doubles* et *triples*. Cette spéculation, sans doute lucrative, est peu conforme à la dignité de la science ; et si elle a contribué à populariser les prophéties de Mathieu, elle n'a pu que les déconsidérer dans l'esprit des savants.

Le système de Mathieu (de la Drôme) n'est rien moins que nouveau. C'est la lune qui en fait tous les frais. Non que Mathieu refuse au soleil une certaine action sur les changements atmosphériques. Cette action, il la reconnaît, mais il ne lui accorde qu'une influence secondaire. Tout dépend pour lui des heures de jour ou de nuit auxquelles commencent, en chaque saison, les différentes phases de la lune. C'est là-dessus qu'il établit ses deux lois empiriques de la *consécutivité* et de la *corrélation horaires :* lois dont l'application varie, non seulement selon la saison, mais encore selon l'altitude et la latitude du lieu, sa constitution, etc. Or, en admettant même ces prétendues lois, on se demande comment Mathieu (de la Drôme), qui n'avait consulté que les registres météorologiques de l'observatoire de Genève, c'est-à-dire d'une localité dont le climat est tout à fait exceptionnel, pouvait se croire autorisé à en appliquer les résultats à tout le littoral de la Méditerranée et de l'océan Atlantique.

Mais ce n'est là qu'une des moindres inconséquences de cette théorie;

---

[1] Il siégeait comme représentant du peuple à l'Assemblée législative.

qui accuse, je le répète, une profonde ignorance des principes les plus essentiels de l'astronomie, de la physique et de la météorologie. Un astronome illustre, Leverrier, s'est donné la peine de la réfuter en plein *Moniteur*. Après lui MM. Guillemin, W. de Fonvielle et G. Barral ont achevé de la réduire à sa juste valeur, et Mathieu (de la Drôme), ou plutôt sa doctrine, n'a pas aujourd'hui, dans le monde scientifique, un seul partisan sérieux. Je crois donc inutile d'entreprendre, après les savants que je viens de citer, la critique d'un système également condamné par la logique et par les faits eux-mêmes. Car, il ne faut pas l'oublier, si, à force d'accumuler les prédictions, Mathieu a vu parfois les événements lui donner raison, maintes fois aussi, et dans les circonstances les plus décisives, la pluie et le vent se sont fait un malin plaisir de lui fausser compagnie[1] : témoin les tempêtes de la fin d'octobre 1863, qu'il n'avait point annoncées; et celle bien plus terrible des 2 et 3 décembre, qu'il avait prédite pour le 5 ou le 6. Mathieu (de la Drôme) était tellement étranger aux véritables causes des perturbations atmosphériques, qu'en plaçant la lune au premier rang de ces causes il invoquait l'autorité de Bouvard, dont les calculs ont précisément démontré le contraire de ce qu'affirmait Mathieu. Ce dernier ignorait également que les *phases* de la lune sont des périodes purement fictives, qui ne correspondent à aucun phénomène astronomique nettement défini, et que les astronomes ne continuent de faire figurer sur les calendriers que par une condescendance peut-être trop grande pour les habitudes du vulgaire. « Est-ce un juste châtiment de leurs idées fausses, demande M. W. de Fonvielle, que d'avoir à se débattre contre un empirique qui s'exprime comme si les phases avaient une existence réelle? »

Mathieu étant mort, un autre prophète, qui se cachait modestement sous le pseudonyme de Nick, a recueilli sa succession et s'est mis à envoyer très régulièrement aux journaux des prédictions que la plupart de ceux-ci ont régulièrement insérées, et que le public ignorant, les voyant imprimées, n'a point manqué d'accueillir avec la même confiance qu'il accordait auparavant à celles de Mathieu : *Uno avulso, non deficit alter.*

Coulvier-Gravier est bien oublié aujourd'hui, et le public n'a jamais pris grand souci de sa doctrine, qui était trop compliquée; mais les ignorants et les naïfs font toujours grand cas des prédictions de M. Nick et d'autres personnages mystérieux que personne n'a jamais vus, dont personne ne sait rien, sinon qu'ils passent pour les héritiers et les con-

---

[1] Voir, dans la 3ᵉ année de l'*Annuaire scientifique* de M. Deherain, l'excellente étude de M. W. de Fonvielle sur la *Prévision rationnelle du temps.*

tinuateurs de Mathieu (de la Drôme). La foi en la lune est restée entière : elle a résisté à tous les efforts des hommes de science. Les astronomes les plus éminents, et parmi eux ceux-là même qui jouissaient
de la plus grande popularité, Arago et Babinet, le premier dans une
des notices restées célèbres dont il enrichissait l'*Annuaire du bureau des
longitudes*, le second dans ces causeries si ingénieuses et si originales
qu'il jetait, pour ainsi dire, à tous les vents de la publicité, ont vainement essayé d'en faire justice. Après eux, Delaunay, Leverrier et
M. Faye ont repris et poursuivi sans plus de succès la lutte contre cet
indestructible préjugé. La nouvelle méthode de précision, ou, pour
mieux dire, d'observation des perturbations atmosphériques, a pourtant fourni à ce dernier un argument péremptoire, et qui suffirait à
lui seul pour ruiner de fond en comble la croyance à l'action de la
lune sur le beau et le mauvais temps, si le raisonnement et l'évidence
des faits pouvaient quelque chose contre une croyance. On sait qu'un
vaste système de communications télégraphiques est établi aujour-
d'hui entre les observatoires météorologiques de l'Europe et de l'Amérique. C'est de New-York, de Lisbonne, de Valentia sur l'Atlantique,
de Palerme sur la Méditerranée, que nous arrivent chaque matin les
nouvelles météorologiques et les pronostics du temps. Le public, — le
même qui croit à la lune, — est particulièrement frappé de l'exactitude presque infaillible des avis donnés par le service météorologique
du *New-York Herald*. Ces avis, expédiés par le télégraphe sous-marin,
et publiés aussitôt à Paris par presque tous les journaux, font connaître trois ou quatre jours à l'avance les changements de temps que
doivent amener, en Angleterre, en Norwège et sur nos côtes atlan-
tiques, les tourbillons qui se forment sous l'équateur, dans la zone
des tempêtes, et dont la trajectoire parabolique est calculée avec autant de précision que l'orbite d'une comète. Ces tourbillons mettent
quatre à cinq jours à parvenir du golfe du Mexique aux côtes d'Angleterre et de France; après quoi, continuant leur marche, ils vont,
avec une vitesse et une intensité, tantôt croissantes, tantôt décrois-
santes, selon la constitution météorologique actuelle, faire sentir leur
action dans le nord ou le nord-est de l'Europe, en Suède et en Russie. Le temps change ainsi successivement sur tous les points du parcours du tourbillon, dans l'espace de huit à dix jours. Supposons
maintenant que le changement se produise à Paris, par exemple, le
jour, la veille ou le lendemain d'une nouvelle lune ou d'une pleine
lune. La masse des gens qui veulent absolument croire à l'influence
de cet astre trouveront dans cette coïncidence la confirmation de leur
préjugé, sans réfléchir que si le temps change ce jour-là à Paris, il a
changé la veille ou l'avant-veille au Havre, et trois jours auparavant

à Valentia; qu'il changera le surlendemain à Berlin et à Stockholm, et qu'ainsi il devancera ou dépassera, selon le lieu, le quartier de la lune, témoin impassible et innocent d'un phénomène qui n'a rien de commun avec la position qu'elle occupe dans l'espace par rapport à la terre, ni avec la manière dont elle nous renvoie la lumière du soleil. En résumé, la formation, sous la zone équatoriale, des cyclones ou tourbillons qui nous amènent la pluie et le vent, et leur marche régulière à la surface de l'Océan et des continents, sont la réfutation la plus complète et la plus péremptoire du préjugé lunaire. »

« Depuis qu'on s'est familiarisé, dit M. Faye[1], avec les grands mouvements gyratoires qui parcourent nos deux hémisphères avec une vitesse supérieure, dans nos climats, à celle des trains express, on sait que ces cyclones naissent généralement dans les régions équatoriales, décrivent d'immenses trajectoires d'une régularité presque géométrique, et procurent, par leur passage, tous les changements de temps... La chaleur solaire en est la cause déterminante; la lune n'y est pour rien; elle n'est donc pour rien non plus dans les bourrasques, les pluies, les orages, etc., que les cyclones amènent partout avec eux, à toutes les phases de la lune indistinctement. » Hélas! on a beau dire et beau faire, le préjugé persiste. M. Faye sait bien cela; il sait que ses démonstrations, pas plus que celles de ses devanciers, ne seront entendues, et que les gens n'en continueront ni plus ni moins de ressasser leurs éternelles redites sur les changements de temps par les changements de lune. Aussi finit-il par s'écrier dans un accès de découragement bien excusable : « Les raisonnements, les faits même les mieux groupés ne servent à rien. C'est à croire que le seul moyen de faire disparaître ces préjugés, ce serait d'user de bonne heure d'autorité sur les jeunes esprits, et de faire réciter ou copier maintes et maintes fois dans les écoles, par tous les enfants, des phrases telles que celles-ci : « Il est ridicule de croire « aux sorciers, au loup-garou, à la lune rousse. Il n'est pas vrai que « la nouvelle lune change le temps, que la pleie lune mange les « nuages, que la foudre tombe parfois en pierre, que le pivert perce « les arbres de part en part, que les trombes pompent jusqu'aux nues « les eaux des mers et des étangs, etc. etc. » Ce serait une sorte de catéchisme de ce qu'il ne faut pas croire. »

La croyance à l'influence lunaire forme, à la vérité, le fond de la science météorologique des personnes étrangères à la science; mais il s'y ajoute un certain nombre d'éléments de même valeur empruntés à

---

[1] *Annuaire du Bureau des longitudes* pour l'an 1878. Notice sur la *Météorologie cosmique.*

ce qu'on veut bien appeler la sagesse des nations. Ce sont des aphorismes mis, en général, sous forme de distiques où, contrairement
au précepte de Boileau, la rime (et quelle rime!) commande, et la
raison obéit, ou plutôt la raison est absente; car elle n'a rien à voir
dans ces sortes d'élucubrations, venues on ne sait d'où ni de qui. Le
malheur est que de très graves personnages, des savants même très
haut placés se sont faits les apologistes de ces dictons dont l'ignorance
populaire a fait une manière de code météorologique. Ils ont cru y
voir le résultat de l'expérience des siècles, l'expression d'une science
purement empirique sans doute, mais qui à la longue a su grouper
un certain nombre d'observations qu'elle s'est bornée à formuler sans
chercher à les expliquer. C'est ainsi qu'en 1873, M. Germain ayant
demandé à l'Académie des sciences ce qu'il fallait penser de l'influence
que le préjugé vulgaire attribue au jour de la Saint-Médard [1], M. Bertrand, secrétaire perpétuel de la docte compagnie, rappela que le savant
météorologiste Bournet, de Lyon, recommandait de ne pas dédaigner
les *proverbes* et *dictons populaires*, qui traduisaient, selon lui, les
impressions produites sur l'esprit du peuple, — principalement du
peuple des campagnes, — par une longue répétition de faits identiques ou analogues entre eux. Mais Élie de Beaumont, de son côté,
fit remarquer qu'on ne devait pas oublier non plus ce qu'avait dit
Poinsot de ces prétendues lois qui reposent sur des dates marquées
par des noms de saints. « Le proverbe de la Saint-Médard remonte
probablement, disait Poinsot, à une époque bien antérieure à l'établissement du calendrier grégorien. Or dans ce calendrier on a sup-
primé les fêtes de douze saints, ce qui a avancé de douze jours celles
des autres saints. Le jour de la Saint-Médard est maintenant le 8 juin ;
c'était, dans l'ancien calendrier, le 20, jour voisin du solstice d'été ;
il y a donc lieu de croire que le proverbe s'appliquait primitivement
au solstice d'été, et nullement à saint Médard. Ce n'est pas à dire
pour cela qu'il fût beaucoup plus rationnel; mais au moins s'appli-
quait-il à un phénomène astronomique qui marque le commencement
d'une saison, et alors il était du moins conforme à la vieille croyance
aux présages favorables ou défavorables. Il signifiait simplement qu'on
augurait mal d'un été qui commence par du mauvais temps. Quant à
saint Barnabé, à qui le même préjugé attribue le pouvoir de conjurer
la funeste influence de saint Médard, sa fête tombe maintenant au
11 juin, c'est-à-dire le surlendemain ; elle était autrefois le 22, c'est-

----

[1] On connaît le dicton rimé :

Quand il pleut à la Saint-Médard,
Il pleut quarante jours plus tard.

à-dire le jour même où l'été commence réellement. Il était donc naturel que l'on considérât le rétablissement du beau temps ce jour-là comme un présage heureux qui effaçait le présage fâcheux de l'avant-veille.

Le préjugé relatif à la canicule remonte probablement plus loin encore que celui de la Saint-Médard. Il se rattache à l'astronomie des anciens et à leur croyance à l'action bonne ou mauvaise des constellations. Le mot canicule (*caniculus*, petit chien) désigne proprement une étoile de première grandeur que les anciens appelaient *Sirius*, et qui fait partie de la constellation du Grand-Chien. Il y a plus de trois mille ans, le lever héliaque de cette étoile [1] avait lieu dans les premiers jours de juillet, et annonçait, par conséquent, la période des plus grandes chaleurs, période pendant laquelle sévissent certaines maladies. Au lieu de rapporter ces maladies à l'élévation de la température, qui en est la cause directe ou indirecte, l'ignorance et la superstition populaires les attribuaient à l'influence malfaisante de l'étoile Sirius, et tant qu'ils apercevaient le matin cette étoile à l'horizon, ils n'étaient pas tranquilles. C'était alors que les chiens devenaient enragés, que les bestiaux étaient frappés par les épizooties, que les hommes mouraient de la fièvre. Une fois Sirius disparu, on respirait plus à l'aise, bien que très souvent la chaleur ne fût pas moins intense.

De nos jours encore les almanachs font commencer les jours caniculaires du 24 juillet au 26 août, bien que, par l'effet du phénomène connu sous le nom de précession des équinoxes, c'est-à-dire par le mouvement d'oscillation de l'axe terrestre, qui fait rétrograder lentement vers l'Orient, d'année en année, les points équinoxiaux de la surface du globe, la période pendant laquelle Sirius se lève et se couche avec le soleil commence maintenant quand les « jours caniculaires » marqués sur les almanachs sont passés. Si l'on voulait passer ainsi en revue tous les aphorismes et toutes les croyances populaires relatives aux phénomènes météorologiques, on n'y trouverait pas autre chose que des erreurs traditionnelles nées de l'ignorance et de la superstition.

Essayons maintenant de résumer l'état actuel des études sur la prévision du temps, au point de vue scientifique. Une communication fort intéressante faite, il y a peu d'années, à l'Institution royale de la Grande-Bretagne, retraçait assez bien le tableau des progrès de la

---

[1] Les anciens astronomes appelaient *héliaque* (de *hélios,* soleil) le lever d'une étoile à l'horizon, lorsque cette étoile, après avoir été en conjonction avec le soleil, et par conséquent invisible, parce que l'éclat du soleil empêchait de l'apercevoir, se levait assez tôt avant cet astre pour être visible à l'orient dans le crépuscule du matin.

partie météorologique qui s'occupe de ces questions. Ce travail, dû à M. Scott, donne une idée exacte de la manière dont on envisageait ces études en Angleterre, où l'on s'en est occupé avec la plus vive sollicitude. Il semble qu'on voie se multiplier les protestations contre l'assertion d'Arago, qui disait : « Jamais, quels que puissent être les progrès de la science, les savants de bonne foi et soucieux de leur réputation ne se hasarderont à prédire le temps [1]. » Aussi ne s'agit-il plus aujourd'hui, pour les savants, de prédire les changements de temps, mais simplement de les constater à leur origine, et d'en suivre la marche et les modifications, soit par l'observation directe, soit par le calcul. C'est là l'objet des travaux dont nous avons parlé plus haut, et qui s'exécutent journellement dans les stations météorologiques établies sur divers points du globe, et entre lesquelles le télégraphe permet un échange continuel et régulier de communications.

Pour répandre promptement dans tout le pays les renseignements relatifs aux saisons et à l'influence que le temps peut avoir sur les récoltes, on avait proposé il y a quelques années, en Angleterre, d'organiser un système d'avertissements télégraphiques qui aurait permis de publier des bulletins météorologiques. Le commandant Maury, mort en 1873, était à la tête de ce mouvement.

On sait quels services rend aujourd'hui, — plutôt, il est vrai, aux marins qu'aux agriculteurs, — la télégraphie météorologique, et quels malheurs a pu prévenir le service télégraphique organisé pour avertir de la marche des tempêtes; le nom de l'amiral Fitz-Roy restera attaché à cette précieuse institution, qui fonctionne actuellement dans tous les pays de l'Europe. Le bulletin quotidien lithographié que publie l'Observatoire de Paris a été imité par le Bureau météorologique de Londres et par quelques autres nations. Il paraît même aujourd'hui un Bulletin international qui entretient entre les divers observatoires des relations constantes et une communauté de travaux des plus favorables au progrès de la science.

La cause d'une tempête est un accroissement ou une diminution de la pression barométrique. Ainsi, lorsqu'une dépression barométrique s'avance on pourrait prédire sûrement les parties des côtes qui ont le plus de chance de subir la tempête et la direction qu'elle suivra, si l'on connaissait la forme et la grandeur des pentes dans chaque direction, le sens et la rapidité des progressions, enfin l'accroissement ou la diminution d'intensité de la perturbation. Malheureusement, de toutes ces circonstances, il y en a à peine une qui soit bien connue avant l'arrivée de la tempête, d'où il suit que la réalisation des pré-

---

[1] *Annuaire du Bureau des longitudes* pour 1846, p. 376.

visions envoyées aux côtes ouest et nord de l'Angleterre, lesquelles sont les plus exposées, seront toujours plus ou moins incertaines.

Le résultat pratique général désormais acquis, d'après toutes les observations faites dans la Grande-Bretagne, c'est que, pour les années 1870-1871, sur cent tempêtes observées, quarante-six avaient été prédites par le service météorologique, et que vingt avertissements de tempêtes ont été justifiés par des ouragans ou des vents violents; ce qui fait soixante-six pour cent prédictions vérifiées par les événements.

Mathieu, ses émules et ses successeurs ont, en somme, il faut le reconnaître, rendu à la météorologie pratique un véritable service : ils ont obligé les savants français, qui la dédaignaient beaucoup trop, à s'en occuper; ils les ont contraints à opposer aux prophéties utopiques à longue échéance les prévisions rationnelles à courte échéance, à entrer enfin dans la voie féconde où le commandant Maury et l'amiral Fitz-Roy les avaient précédés. On a vu au chapitre des *Tempêtes* quels services ont déjà rendus les stations météorologiques et le réseau de communications télégraphiques installés en France grâce à l'initiative de Leverrier, et l'on a pu se convaincre que, encore une fois, il ne s'agit plus ici, en réalité, de *prévoir* les tempêtes, mais simplement de les *voir venir,* ce qui est bien différent.

Il faut remarquer aussi que, beaucoup plus modestes que les émules de Matthieu Lænsberg, feu l'amiral Fitz-Roy et son savant confrère de Paris, M. Marié-Davy, ont eu la sagesse de n'admettre leurs avis que sous forme dubitative. Les signaux transmis par les ports avertissent les marins de prendre garde, en leur faisant connaître les perturbations qui semblent devoir survenir dans un délai de deux à trois jours. Ainsi, une ascension notable du baromètre se produit-elle à la fois sur une grande étendue, tandis qu'en deçà ou au delà on observe, sur une étendue parallèle, une forte dépression : on reconnait là ces grandes ondulations, ces immenses vagues atmosphériques qui précèdent une tempête, et l'on hisse dans les ports les signaux d'alarme. L'amiral Fitz-Roy avait rédigé en outre, sous le titre de *Manual barometer,* une sorte de catéchisme météorologique, où sont indiqués avec une grande simplicité les principaux pronostics du temps. Ce remarquable document a été traduit en français, et il est devenu, dès son apparition, le *vade mecum* de nos marins.

Les mouvements de la colonne barométrique combinés avec les indications du thermomètre et de l'hygromètre, la direction de l'intensité du vent, l'aspect du ciel et l'état sensible de l'atmosphère : tels sont, dans la situation actuelle de la science, les seuls signes sur lesquels on puisse établir rationnellement la prévison immédiate et toujours approximative, ne l'oublions pas, de la pluie ou de la sécheresse, du calme ou de l'agitation de l'air.

Quant à la science vaste et profonde qui doit permettre de calculer plusieurs mois, plusieurs années à l'avance les perturbations atmosphériques comme on calcule les éclipses de soleil ou de lune, les occultations des planètes ou même le retour des comètes, cette science ne saurait être l'œuvre d'un homme ni l'œuvre d'un jour; et ceux qui, enivrés par les applaudissements d'une foule ignorante, montent sur le trépied sibyllin pour jeter au vent leurs oracles soi-disant·infaillibles, préparent à eux-mêmes et à ceux qui ont la naïveté de les croire de cruels mécomptes.

FIN

TABLE

14447. — Tours, impr. Mame.

www.ingramcontent.com/pod-product-compliance
Ingram Content Group UK Ltd.
Pitfield, Milton Keynes, MK11 3LW, UK
UKHW020156130726
13696UKWH00002B/533